Nick Fitzherbert
Die perfekte Präsentation

Nick Fitzherbert

DIE PERFEKTE
PRÄSENTAT!ON

Erfolgreich im Beruf mit den Erkenntnissen
der Wahrnehmungspsychologie

Aus dem Englischen von Andrea Panster

Die Originalausgabe dieses Buches erschien 2011 unter dem Titel
Presentation Magic! bei Marshall Cavendish International (Asia)
Private Limited

Verlagsgruppe Random House FSC® N001967
Das für dieses Buch verwendete FSC®-zertifizierte Papier
Schleipen liefert Cordier, Deutschland.

Bibliografische Informationen der Deutschen Bibliothek
Die Deutsche Bibliothek verzeichnet diese Publikation
in der Deutschen Nationalbibliografie; detaillierte bibliografische Daten
sind im Internet unter http://dnb.ddb.de abrufbar.

Umschlaggestaltung: Weiss Werkstatt München
Satz: EDV-Fotosatz Huber/Verlagsservice G. Pfeifer, Germering
Druck und Bindung: Clausen & Bosse, Leck
Printed in Germany 2014

ISBN 978-3-424-20080-5

*Ich widme dieses Buch allen Zauberkünstlern
auf der ganzen Welt, die so liebenswürdig sind, ihre Kreativität,
ihren fachkundigen Rat und ihre Inspiration weiterzugeben.*

*Die berufliche Neuorientierung hat meinem Leben neuen
Schwung gegeben. Dafür bin ich auch der Zauberervereinigung
The Magic Circle sowie Paula, Louis und Eliza für ihre liebevolle
Unterstützung an der Heimatfront zu Dank verpflichtet.*

Inhalt

TEIL II – VORBEREITUNG

TEIL III – VORTRAG

Inhalt

Die Regeln der Zauberkunst
in der
Unternehmenskommunikation

Publikumsbindung	Aufmerksamkeit
1. Die von Ihnen **geweckten Vorstellungen und Erwartungen** bilden den Rahmen jeder Kommunikation.	5. Konzentrierte Aufmerksamkeit erfordert **einen klaren Fokus**.
2. Die Faktoren **Prestige, Atmosphäre, Ambiente und Wunsch** können Vorstellungen und Erwartungen stärken oder schwächen.	6. Die Aufmerksamkeit **wandert von links nach rechts**, um schließlich links zur Ruhe zu kommen.
3. Kommunikation ist nur dann effektiv, wenn sie **an die Vorkenntnisse des Publikums anknüpft**.	7. Das Publikum wird ansehen, was Sie **ansehen**, worauf Sie **zeigen**, worauf Sie **mit Worten** hinweisen.
4. **Das Gehirn filtert** den Großteil der eingehenden Informationen heraus und lässt nur durch, was es für wichtig hält.	8. **Neugier, Bewegung, Geräusche, Kontrast** und **alles Neue oder andere** sind Freund und Feind zugleich – all dies kann die Aufmerksamkeit fesseln.
	9. Die **weitere Umgebung** kann Ihrer Botschaft zu- oder abträglich sein.
	10. Jedes **inhaltliche** Element ist Ihrer Botschaft entweder **zu- oder abträglich**.
	11. Abwechslung **verkürzt die Konzentrationsphasen** und erhält so die Aufmerksamkeit.

Wirkung	Überzeugung
12. Die Sinne bieten **fünf verschiedene Zugangsmöglichkeiten** zum Gehirn.	17. Um überzeugend zu sein, müssen Sie selbst **überzeugt sein**.
13. **Anfang und Ende** bleiben in Erinnerung.	18. **Offenheit** zerstreut Zweifel, **Beteuerungen** schüren sie.
14. **Negative Formulierungen behindern die Kommunikation**; man muss sie erst entwirren, bevor man sie deuten kann.	19. Der Mensch hat mehr Vertrauen in Schlüsse, **die er selbst gezogen hat**.
15. **Allzu Vertrautes** wird »unsichtbar«.	20. Die Reaktionen der Menschen werden durch die Reaktionen ihrer **sozialen Gruppe** beeinflusst.
16. Anhaltende Wirkung erzielt man nur, wenn die Information ins **Langzeitgedächtnis** übergeht.	Nick Fitzherbert

Einleitung

Die meisten Zauberer werden Ihnen auf die Frage, wie sie zur Zauberkunst gekommen sind, unweigerlich erzählen, dass sie im Alter von ungefähr sechs Jahren ihren ersten Zauberkasten geschenkt bekamen. Bei mir war das anders. Es begann im Jahr 1991. Damals leitete ich eine PR-Agentur und war auf der Suche nach einer Showeinlage für mein Betriebsfest. Ich engagierte eine Zauberkünstlerin namens Fay Presto, deren Spezialität es unter anderem war, brennende Zigaretten durch die Jacken der Gäste und Flaschen durch massive Tische zu drücken, während sie ihre Geldscheine in der Luft schweben ließ. Fay tat all dies und noch viel mehr, und von Stund an war ich Feuer und Flamme. Ich machte die einschlägigen Geschäfte, Clubs, Zeitschriften und Kongresse ausfindig. Allmählich schlich sich die Zauberkunst auch in die neuen Wettbewerbspräsentationen meiner PR-Agentur, was mich in Kontakt mit Zaubertrickerfindern und einigen ganz außergewöhnlichen Denkern brachte.

Je mehr ich über die Zauberkunst lernte, desto mehr wuchs meine Überzeugung, dass viele der Prinzipien, auf denen die Tricks aufbauten, auch im Geschäftsleben sehr nützlich sein konnten. Schließlich drehte sich in meinem Beruf als PR-Berater alles darum, die Aufmerksamkeit anderer zu lenken, sie zu beeinflussen und die Menschen zu überzeugen. Abgesehen von den Elementen der Täuschung schien es mir, als hätten die Zauberkünstler dieser Welt im Grunde die gleichen Ziele wie ich. Die Bestätigung dafür kam von James »The Amazing« Randi, der weithin als einer der großen Gurus in der Welt der Zauberkunst gilt. Er sagte: »Zauberkünstler sind die besten Kommunikatoren der Welt. Der Haken ist nur: Alles, was sie sagen, ist falsch!«

Es gab also tatsächlich Spielraum, dachte ich, um mehr mit den psychologischen Prinzipien anzufangen, auf denen die Tricks beruhten, als lediglich Kaninchen aus Hüten zu zaubern und vollkommen funktionstüchtige Gegenstände verschwinden zu lassen. Zum Glück fiel mein Vorstoß in die Welt der Magie damit zusammen, dass eine neue Generation von jungen Zauberkünstlern wie Andy Nyman, Marc Paul und Anthony Owen in Erscheinung trat, die im Rahmen von John Lenahans Club *Monday Night Magic* in einem Pub in London auftraten. Sie näherten sich der Zauberkunst auf eine völlig neue Art und Weise, die eher in die Richtung des Gedankenlesens ging und eine Reihe entsprechender psychologischer Fähigkeiten nutzte. Schließlich gesellte sich ein weiterer Zauberkünstler aus der Szene Bristols dazu: Sein Name war Derren Brown, und als ich Ende der 1990er-Jahre seinen ersten Vortrag bei einem Zauberkongress miterlebte, blieb den Anwesenden vor Verblüffung der Mund offen stehen. Schon bald tat er sich mit Owen und Nyman zusammen, um in Fernsehshows aufzutreten, und der Rest ist Geschichte. Für mich war wichtig, dass Derren neue Bezugspunkte zur Welt der Zauberkunst schuf. Damit war die Vorstellung der Menschen von Magie nicht mehr auf ihre Erinnerungen an Kinderfeste und Leute wie Paul Daniels und Tommy Cooper beschränkt.

Irgendwann fasste ich mir ein Herz und bewarb mich um die Mitgliedschaft in der international führenden Zauberkünstlervereinigung *The Magic Circle*, die über eine riesige Bibliothek verfügt und mir Zugang zu vielen der besten magischen Köpfe der Welt verschaffte. Mithilfe dieser Quellen konnte ich meine Überlegungen vertiefen und die Regeln der Zauberkunst identifizieren – 20 Prinzipien, deren sich die Top-Zauberkünstler instinktiv bedienen und die meiner Ansicht nach in der Geschäftswelt gleichermaßen wirksam sind. Im Grunde sind diese Regeln ganz einfach. Für mich liegt darin auch ihre Schönheit, und erst der magische Zusammenhang erweckt sie zum Leben.

Bei diesen Regeln geht es hauptsächlich darum, *warum* Magie funktioniert, und weniger darum, wie sie funktioniert. Denn das darf ich nicht verraten – man würde mich sofort aus dem *Magic Circle* ausschließen! Vermutlich kann ich aber sagen, dass einer der Gründe für diese strikte Geheimhaltung dieser ist: Vieles ist schlichtweg so unglaublich simpel, dass Sie schwer enttäuscht wären, wenn Sie dahinterkämen. In den meisten Fällen geht es in der Tat fast ausschließlich um die Art und Weise der Präsentation.

Bei der ersten Begegnung mit den Menschen, deren Präsentationstechnik ich mit den Regeln der Zauberkunst verbessere, erkläre ich, dass sie während der Schulung all das lernen werden, was auch in den üblichen Trainingsprogrammen vermittelt wird, ergänzt durch die Prinzipien, die ich in der Welt der Zauberkunst entdeckt habe. Für gewöhnlich beginne ich mit einer kurzen Einführung, die folgendermaßen abläuft:

Ich nehme einen Stapel Spielkarten zur Hand und mische sie, während ich erzähle, dass ich Mitglied in der weltberühmten Zauberervereinigung *The Magic Circle* bin. Ich sage, dass wir uns jeden Montagabend an einem streng geheimen Ort treffen, um dann zu verraten, dass unser Hauptquartier in London in der Nähe der Euston Station liegt und sich unsere Räumlichkeiten ganz wunderbar anbieten, falls jemand nach einem ausgefallenen Ort für eine Firmenveranstaltung sucht. Der eine oder andere war schon einmal dort, wir plaudern kurz über das Hauptquartier und bauen eine Beziehung auf. Jeden Montagabend aber tummeln sich dort Zauberkünstler jeglicher Couleur. Viele von ihnen drängen sich um Tische und zeigen einander Kartentricks. Ich mische weiter und zeichne ein Bild von mir im Kreise der Zauberkünstler. »Ziehen Sie eine Karte«, sage ich, »egal welche. Sagen Sie einfach Stopp!« Ein Seminarteilnehmer zeigt auf eine Karte und ich frage, ob er es sich noch einmal anders überlegen möchte. Er zieht, zeigt die Karte den anderen, und ich beginne damit, vermeintlich seine Gedanken zu lesen. Ich sage: »Ich könnte jetzt ein ganzes Programm abspulen, so wie Derren Brown es tut. Ich könnte Sie bitten, an Farben, Formen, Werte, Bilder und so weiter zu denken. Ich kann Ihnen aber auch einfach sagen, dass Sie die Herz-Zwei in der Hand haben« – was auch der Fall ist. An dieser Stelle mache ich schnell weiter, bevor es peinlich wird und die Anwesenden zum Beispiel applaudieren.

»Sie erinnern sich, dass ich sagte, der Trick sei oft erstaunlich einfach? Nun, in diesem Fall trifft das uneingeschränkt zu, denn bis auf die unterste Karte, die Sie sehen konnten, besteht das Spiel ausschließlich aus Herz-Zweien … « Die Anwesenden stöhnen und ich erkläre, dass sogar bei einem so einfachen Trick verschiedene Regeln der Zauberkunst zum Zug kommen.

Zum Beispiel **Regel 3**: *Kommunikation ist nur dann effektiv, wenn sie an die Vorkenntnisse des Publikums anknüpft.* Ich kann mit Spielkarten kommunizieren, weil alle Menschen damit vertraut sind. Mit Tarot-Karten dürfte es weniger gut funktionieren, da die wenigsten etwas mit Begriffen wie »große Arkana« anfangen können. Das erinnert mich an ein Beispiel aus der Geschäftswelt, einen Vortrag von Bill Gates, den ich vor vielen Jahren gehört habe. Im Grunde sprach er davon, dass wir bald mit »Personal Digital Assistants« arbeiten würden. Aber diesen Begriff verwendete er damals noch nicht. Er sprach weder von »PDAs« noch von »Palm Pilots«. Wir hätten es nicht verstanden, da diese Geräte noch nicht erfunden waren. Stattdessen beschrieb er sie als »eine Art elektronische Geldbörse« und half uns damit, uns vorzustellen, welche Größe und Form sie haben, wo wir sie aufbewahren und wie wir sie verwenden würden. Er knüpfte in seiner Kommunikation an das an, was uns bereits bekannt war.

Am wichtigsten aber ist **Regel 1 – *Die von Ihnen geweckten Vorstellungen und Erwartungen bilden den Rahmen jeder Kommunikation.*** Sobald ich die Karten zur Hand nehme, öffnet sich in den Köpfen der Anwesenden eine Datei. Sie erinnern sich an alles, was sie über Kartenspiele wissen – 52 Karten, vier Symbole, zwei Farben und so weiter. Ferner schließen sie Unzutreffendes wie etwa die Möglichkeit aus, dass alle Karten gleich sein könnten. So können sich Zauberkünstler sicher sein, dass sie ihr Publikum mit bestimmten Schlüsselbegriffen und -verhaltensweisen bestens darauf vorbereitet haben, ihre Botschaft zu hören.

Sobald Sie wissen, welche »Dateien« Sie öffnen, kommt **Regel 2** ins Spiel: *Die Faktoren Prestige, Atmosphäre, Ambiente und Wunsch können Vorstellungen und Erwartungen stärken oder schwächen.* In diesem Fall erzähle ich allen, dass ich Mitglied der weltberühmten Zaubervereinigung *The Magic Circle* bin (Prestige), und beschreibe das Umfeld unseres Clubs (Atmosphäre und Ambiente). Mit Menschenkenntnis und etwas Glück wähle ich zudem einen Freiwilligen, der Freude an der Zauberkunst hat (Wunsch).

Ich erkläre, dass viele Regeln im Grunde ganz einfach sind und erst durch die Zauberkunst zum Leben erweckt werden. **Regel 5** etwa – *Konzentrierte Aufmerksamkeit erfordert einen klaren Fokus* – war mir schon immer bewusst. Aber in 20 Jahren in der PR-Branche ist sie mir nie so klar geworden wie durch die Worte des kanadischen Zauberkünstlers Gary Kurtz (eines ausgebildeten Psychologen): »Spalten Sie niemals die Aufmerksamkeit zwischen sich und dem, was Sie tun.« Ich zeige, dass dies in der Zauberkunst unter anderem heißt, Kartentricks niemals mit nach unten ausgestreckten Armen zu machen. Natürlich schauen die Anwesenden sofort auf die Karten in meinen Händen und ich erkläre, dass ihre Aufmerksamkeit nun zwischen meinem Gesicht und ausgerechnet meinem Schritt hin- und herpendelt – wo sie ganz bestimmt nicht hingehört! Viel besser ist es, die Karten zum Gesicht zu heben und so einen klaren Fokus zu schaffen. Bei geschäftlichen Präsentationen sollten Sie sich nicht zu weit von Ihren Requisiten oder der Leinwand entfernen. Außerdem sollten Sie allmählich anfangen zu überlegen, wie Sie Ihre Botschaft vereinfachen können, um sowohl körperlich als auch geistig einen klaren Fokus zu schaffen.

Nachdem Sie einen klaren Fokus geschaffen haben, können Sie **Regel 6 – *Die Aufmerksamkeit wandert von links nach rechts, um schließlich links zur Ruhe zu kommen*** – zu Ihrem Vorteil nutzen. Der Grund dafür ist, dass dies der westlichen Leserichtung entspricht. Ich baue mich, die Leinwand und alle visuellen Hilfsmittel grundsätzlich vom Publikum aus gesehen von links nach rechts auf. Auf diese Weise sehen die Leute zuerst mich, dann meine Requisiten an, um schließlich mit ihrer Aufmerksamkeit automatisch zu mir zurückzukehren.

Auch **Regel 18 – *Offenheit zerstreut Zweifel, Beteuerungen schüren sie*** – kommt im Szenario meines albernen kleinen Tricks zum Tragen. Alle Zauberkünstler werden sagen: »Ziehen Sie eine Karte, egal welche. Wollen Sie es sich noch einmal überlegen?« Und so weiter … Sie geben sich betont offen, um den Verdacht zu zerstreuen, sie könnten schummeln. Sätze wie »Ich habe hier ein ganz normales Kartenspiel« sind dagegen zu vermeiden. Derartige Beteuerungen werden das Misstrauen eher schüren, als es zu zerstreuen. In der Geschäftswelt könnte das Äquivalent dazu lauten: »Sie können sich jederzeit gern bei allen unseren Kunden erkundigen.« In Wirklichkeit gibt es vielleicht durchaus den einen oder anderen, den man besser nicht fragen sollte, aber ein so freimütig wirkendes Angebot sollte Vertrauen wecken.

Abschließend wäre da noch **Regel 19 – *Der Mensch hat mehr Vertrauen in Schlüsse, die er selbst gezogen hat.*** Während ich angeblich Gedanken lese, um herauszufinden, dass der Freiwillige die Herz-Zwei gezogen hat, lasse ich das Publikum einen Blick auf die unterste Karte werfen. Wenn die Anwesenden auf diese Weise – und sei es nur unbewusst – registrieren, dass sie eine weitere Karte sehen können, wird ihnen dies bestätigen, dass alles in Ordnung zu sein scheint. Ihr Gehirn wird alles glauben, was Sie ihm mitteilen, aber grundsätzlich infrage stellen, was ein anderer ihm sagt. Gelingt es Ihnen also, Ihr Publikum zu überzeugen, ist es gewissermaßen »eingenordet« und bereit für Ihre Botschaft.

Wenn ich PR-Leute schule, weise ich darauf hin, dass Öffentlichkeitsarbeit aus ebendiesem Grund so wirksam ist. Gute PR heißt nicht »verkaufen, verkaufen, verkaufen«, sondern zur rechten Zeit die richtigen Leute mit der Botschaft oder dem Produkt bekannt zu machen und sie ihre eigenen Schlüsse ziehen zu lassen.

Zauberhafte Präsentationen

Dieses Buch beruht auf dem Material, das ich Einzelnen oder auch ganzen Teams aus allen Bereichen des geschäftlichen Lebens in meinen Schulungen vermittle. Diese Menschen haben die verschiedensten Bedürfnisse und müssen unter anderem

Wettbewerbspräsentationen halten, Angestellte über wichtige Dinge in Kenntnis setzen, sich ihren Aktionären stellen, vor Preisgerichten sprechen, Interessengruppen überzeugen und natürlich verkaufen. In einem typischen Seminar mache ich die Teilnehmer wie oben beschrieben mit den Prinzipien der Regeln der Zauberkunst bekannt. Danach bitte ich sie um eine kurze geschäftliche Präsentation, die von mir besprochen und von allen Anwesenden diskutiert wird, damit jeder aus den Stärken und Schwächen der anderen lernt.

In der Mittagspause schicke ich die Teilnehmer meist los, einen Zaubertrick zu lernen, der im Allgemeinen auf ihr Unternehmen oder ihre Organisation zugeschnitten ist und den sie im Laufe des Nachmittags vorführen müssen. Ich tue dies aus verschiedenen Gründen, vor allem aber, weil ein Zaubertrick gewissermaßen eine auf wenige Minuten komprimierte Präsentation ist und sie im Hinblick auf Einstieg, Schluss, Spannungsaufbau, Publikumsbeteiligung und den Umgang mit visuellen Hilfsmitteln sehr viel lernen können. Viele Teilnehmer bezeichnen dies als den hilfreichsten Teil des Tages, da sie aus sich herausgehen müssen und viele nützliche Prinzipien lernen.

Wenn ich sie bitte, ein Zauberkunststück vorzuführen, hat das zudem den erheblichen Vorteil, dass nützliche und attraktive Persönlichkeitszüge zum Vorschein kommen können, die bei geschäftlichen Präsentationen mitunter verborgen bleiben. Manche Menschen sind bei beruflichen Vorträgen sehr steif und förmlich und protestieren selbst dann, wenn ihre Kollegen sie zu mehr »Lässigkeit« ermutigen: »Aber meine Kunden erwarten das von mir! Schließlich kümmere ich mich um ihr Geld.« Sobald sie jedoch ihren Zaubertrick vorführen, verändert sich ihre ganze Körpersprache. Auf ihrem Gesicht liegt ein

Lächeln, das in ihrer Stimme zu hören ist. Sie geben etwas von sich preis und man erwärmt sich für sie. Dadurch wirken ihre Worte überzeugender. Da sie diese Wirkung selbst sehen und spüren können, besteht die neue Zielsetzung darin, zumindest ein klein wenig von diesem Ansatz auf ihre geschäftlichen Präsentationen zu übertragen, damit es ihnen besser gelingt, ihr Publikum zu binden.

Schulungstage enden üblicherweise mit einer Gruppendiskussion, in der die Teilnehmer erörtern, welche Veränderungen sie künftig an ihren Präsentationen und ihrem Vortragsstil vornehmen wollen. Manchmal ist es lediglich eine Frage kleiner, aber feiner und wirkungsvoller Veränderungen. Manchmal ist es fast schon eine Offenbarung. Ich bekomme Rückmeldungen wie: »Es ist, als wären sie vom grauen Star befreit. Im Büro macht ein neuer Spruch die Runde: ›Das würde Nick niemals erlauben‹.«

Dieses Buch beruht auf den Inhalten, die ich in meinen Seminaren vermittle. Es enthält die Summe meiner 20-jährigen Erfahrung mit regelmäßigen Wettbewerbspräsentationen und anderen Präsentationen in meiner Funktion als PR-Berater, verbunden mit vielen Dingen, die ich als Mitglied der weltweit führenden Zauberkünstlervereinigung gelernt habe, sowie dem frischen Wissen und den neuen Erfahrungen, die ich tagtäglich erwerbe. Der Hauptteil des Buches ist in drei gleich wichtige Abschnitte gegliedert: Wir widmen uns zunächst dem *Aufbau*, ehe wir auch nur daran denken, zur *Vorbereitung* oder dem *Vortrag* überzugehen.

Teil I

AUFBAU

Im ersten Teil werden wir uns zunächst ansehen, wie wichtig es ist, dass Sie Zeit in die Bausteine Ihrer Präsentation investieren, da diesem Abschnitt oft nicht genügend Bedeutung beigemessen wird. Anschließend werden wir uns nacheinander mit den einzelnen Bausteinen beschäftigen. Sie werden Ihnen helfen, das Interesse des Publikums erstens zu wecken und zweitens zu halten, während Sie auf den Höhepunkt Ihres Vortrags hinarbeiten. Dazwischen werden wir diese Punkte durch kurze Abhandlungen zu den Themen Wirkung und Überzeugung ergänzen. Nur wenn Sie sich bereits im Stadium des *Präsentationsaufbaus* mit diesen Faktoren beschäftigen, wird Ihnen beim *Vortrag* der Erfolg gewiss sein.

Noch eine stilistische Anmerkung, bevor wir beginnen: Ich werde die Gruppen oder Personen, an die sich Ihr Vortrag richtet, grundsätzlich als »Publikum« bezeichnen. Ich werde mich nicht dafür entschuldigen, falls das ein wenig theatralisch klingt; Sie werden Ihr Publikum durch sorgfältige Planung überzeugen, und je kleiner es ist, desto sorgfältiger werden Sie planen müssen.

Kapitel 1

Warum es so wichtig ist, sich Zeit für den Präsentationsaufbau zu nehmen

Ein Bauarbeiter braucht Steine und weitere Materialien sowie einen Plan, wann und wie diese einzubauen sind, damit ein Haus entsteht. Auch der Zauberkünstler durchläuft einen Konstruktionsprozess, um eine magische Erfahrung zu schaffen. Die »Bausteine« des magischen Prozesses sind unter anderem Aufmerksamkeit, Einfühlungsvermögen, Faszination, Tempo, Überzeugung und Fokus. Damit sie zum optimalen Zeitpunkt im richtigen Verhältnis verarbeitet werden, ist gründliche Planung vonnöten.

Allzu oft wird im Präsentationstraining zu viel Gewicht auf den *Vortrag* und nur sehr wenig auf die beiden anderen wesentlichen Elemente *Aufbau* und *Vorbereitung* gelegt – wenn überhaupt.

Inzwischen erwarten die Teilnehmer von einem Präsentationstraining lediglich Hilfe bei ihrem *Vortrag*. Mehr wird oft auch nicht geboten. Die Trainer sind häufig Schauspieler und haben ihre ganz eigenen Vorstellungen davon, wie man zu atmen, zu stehen, die Stimmbänder aufzuwärmen hat. Daneben wird sehr viel Wert darauf gelegt, dass der Vortrag jedes Teilnehmers aufgezeichnet wird, was Kamerateams, technische Schwierigkeiten und endlose Wiedergaben mit sich bringt.

All dies ist *durchaus* wichtig. Ich bin allerdings überzeugt davon, dass der *Aufbau* ebenso wichtig ist wie der *Vortrag*. Dazu möchte ich Ihnen gleich vorab ein kleines Geheimnis verraten: Wenn der *Aufbau* stimmt, macht das den *Vortrag* deutlich einfacher. Dies liegt daran, dass die in den *Aufbau* investierte Zeit dazu dient, den Inhalt zu ordnen und aufs Wesentliche zu beschränken, wodurch ein natürlicher Fluss entsteht, der dem Rhythmus und der Nuancierung des Sprechers entspricht.

Ich wurde einmal für ein Einzeltraining mit der Leiterin der Personalabteilung eines führenden Finanzdienstleistungsunternehmens engagiert. Die Aufgabenstellung war allem Anschein nach ganz einfach: »Ich muss mich hier im Stadion vor die ganze Firma hinstellen und weitreichende strukturelle Veränderungen ankündigen. Und ich bin starr vor Angst.« Sie erwartete wohl, dass ich den Schwerpunkt darauf legen würde, wie sie ihre Nerven beruhigen, schwierigen Fragen begegnen und kritische Themen umgehen konnte. Aber nachdem ich einen recht wackeligen ersten Durchlauf der Rohfassung ihres Vortrages gesehen hatte, breitete ich Ausdrucke ihrer Folien auf einem großen Tisch aus. Einige ordnete ich neu, und ich vereinfachte alles zum Teil dadurch, dass ich andere ganz verwarf. »Versuchen Sie es einmal so«, bat ich meine neue Klientin, die etwas verblüfft dreinschaute, weil ich ihre Präsentation auseinandergenommen hatte. Was folgte, war eine deutlich prägnantere und selbstbewusster vorgetragene Präsentation, was sie zu weiteren kleinen Veränderungen anregte. Nach dem dritten Durchlauf verkündete sie: »Jetzt habe ich keine Angst mehr, weil der Vortrag ganz natürlich fließt. Ich habe das Gefühl, von Herzen zu sprechen, und muss nicht ständig überlegen, was wohl als Nächstes kommt.« Auf diese Weise war die ursprüngliche Aufgabe ziemlich schnell erledigt und wir hatten noch reichlich Zeit, um uns darauf zu konzentrieren, wie wir der Präsentation Kraft verleihen, den Raum optimal nutzen und den Vortrag noch fesselnder und sogar interaktiv gestalten konnten.

Der richtige *Aufbau* erleichtert den *Vortrag* und macht die ganze Präsentation effektiver. Diese Geschichte zeigt auch, wie hilfreich Beistand von außen ist. Im Hinblick auf den *Präsentationsaufbau* werden Sie oft feststellen, dass die richtigen Inhalte bereits vorhanden sind, aber neu geordnet und überarbeitet werden müssen. Wir werden uns später noch ausführlicher mit dem Überarbeitungsprozess beschäftigen, vor allem mit der Notwendigkeit, besonders gelungene Formulierungen oder Lieblingseinfälle schonungslos zu streichen – »kill your darlings«, wie es im Filmgeschäft heißt. Die objektive Sicht eines Menschen, der mit der Thematik weniger vertraut ist, kann hier von unschätzbarem Wert sein.

Videokameras

Was die Verwendung von Videoaufzeichnungen im Präsentationstraining betrifft, möchte ich sagen, dass Trainer meiner Ansicht nach oft zu schnell ihre Kamerateams herbeirufen, ohne das Für und Wider eines solchen Vorgehens abzuwägen. Obwohl Videokameras heutzutage fast allgegenwärtig sind, gibt es immer noch viele Menschen, die sich ungern aufzeichnen lassen. Es kann Folter sein, wenn ein ganzer Saal voller Kollegen

alle Nuancen der eigenen Person beäugt und die eigenen Haut-
probleme riesengroß auf der Leinwand des Sitzungsraums zu
sehen sind. Ich werde gelegentlich ausdrücklich in Firmen bestellt, deren Angestellte durch ihre Erfahrungen mit Schauspie-
lern und Kamerateams traumatisiert sind – vor allem in Firmen
mit jungen, unerfahrenen Trainees. Sie müssen sich fragen, was
Sie sich von Filmaufnahmen der Schulungsteilnehmer erhoffen.
Natürlich spricht einiges dafür, dass Videoaufzeichnungen sinnvoll sein können, wenn sich erfahrene Präsentatoren einiger un-
schöner Angewohnheiten entledigen und ihren Vortrag perfektionieren möchten. Da aber die wenigsten Menschen tatsächlich
im Fernsehen auftreten müssen, spielt es im Grunde keine Rolle,
ob sie vor der Kamera einen guten Eindruck machen, und das
ganze Drumherum könnte sie einfach verunsichern.

Zum Glück gibt es einen wunderbaren magischen Präzedenz-
fall, der für kamerafreie Schulungen spricht. Der legendäre Zauberkünstler Tommy Cooper pflegte seinen Freunden im Show-
geschäft davon abzuraten, vor dem Spiegel zu üben. Als diese
ihre Verwunderung darüber zum Ausdruck brachten – schließlich müssen Zauberkünstler bei bestimmten Tricks die verschiedenen Blickwinkel überprüfen –, erklärte Cooper, wenn man
vor dem Spiegel übe, widme man sich selbst mehr Aufmerksamkeit als dem Publikum, das eigentlich im Mittelpunkt stehen
sollte. Ich habe mich darüber mit dem bekannten Zauberkünstler Geoffrey Durham unterhalten, der Cooper recht gab. Er ging
sogar noch einen Schritt weiter und erklärte, dass der Blick
durch das Üben vor dem Spiegel zudem auf einen Punkt fixiert
werde, der sich nicht auf der richtigen Höhe befinde, um den
Großteil des Publikums zu erreichen.

Auf den Punkt gebracht

Wenn Sie Zeit in den Aufbau Ihres Vortrags investieren, machen Sie ihn damit inhaltlich und strukturell besser. Außerdem erleichtert es die Präsentation und ermöglicht es Ihnen, einen großartigen Vortrag zu halten.

Kapitel 2

Publikumsbindung

Wie Sie die von Ihnen geweckten Vorstellungen und Erwartungen abschätzen und zu Ihrem Vorteil nutzen; an die Vorkenntnisse Ihres Publikums anknüpfen; Ihre Botschaft anpassen, um Mitgefühl zu erzeugen; dafür sorgen, dass das Publikum Ihre Botschaft als wichtig empfindet; über die beste Vorgehensweise entscheiden; herausfinden, welche Möglichkeiten der Publikumsbindung es gibt – PowerPoint und die Alternativen

2.1   Vorstellungen und Erwartungen

Wenn sich ein Zauberkünstler einem potenziellen Publikum nähert, ist ihm beinahe schmerzlich bewusst, dass bereits die Erwähnung oder der bloße Anblick eines Magiers eine ganze Reihe von Erinnerungen und Vorstellungen in den Menschen auslöst. Diese geistigen Bilder können warm und wunderbar sein, aber auch bis hin zu Erfahrungen reichen, die man am liebsten vergessen würde. Sie müssen herausfinden, welche Vorstellungen Sie wecken, und blitzschnell reagieren, um aus den positiven Kapital zu schlagen und die negativen zu überwinden.

Unser Gehirn ist selbstorganisierend – es ordnet Daten automatisch, indem es wie ein riesiges Ablagesystem arbeitet und Informationen nach logischen Kriterien abspeichert, um sie später mühelos wieder abrufen zu können. Es vergleicht neue Daten mit dem, was bereits »gespeichert« ist, und ordnet sie entsprechend ein. Dann geht die jeweilige Datei auf und interpretiert das, was wir sehen, hören oder über die anderen Sinne aufnehmen.

Sie sollten deshalb stets überlegen: Welche »Dateien« öffnen Sie in den Köpfen Ihrer Zuschauer? Was werden sie denken, während Sie sie eingehend von oben bis unten mustern – vermutlich noch bevor Sie irgendetwas gesagt oder getan haben? Dass Sie etwas alt oder jung, schick oder schlampig, kompetent oder »wie einer von uns« aussehen? Wie auch immer, wenn ein erster Eindruck entsteht, werden Ihren Zuschauern unzählige Gedanken durch den Kopf schießen, die dann den Rahmen Ihrer Kommunikation bilden.

Die wohl wichtigste Regel der Zauberkunst ist:

Regel 1 – Die von Ihnen geweckten Vorstellungen und Erwartungen bilden den Rahmen jeder Kommunikation.

Denken Sie an das in der Einleitung beschriebene Kartenspiel zurück. Als ich es zur Hand nahm, öffnete ich bestimmte Dateien in den Köpfen meiner Zuschauer, die sie an das erinnerten, was sie bereits über Spielkarten wussten: 52 Karten, jede ist anders und so weiter. Die von mir geweckten Erwartungen waren sogar stärker als die Wirklichkeit – dass alle Karten bis auf die unterste gleich waren – und schufen die Voraussetzungen dafür, dass ich ganz leicht so tun konnte, als könne ich Gedanken lesen.

In der echten Welt sind Politiker das vielleicht beste Beispiel dafür. Wenn sie kandidieren, tun sie alles, was in ihrer Macht steht, um uns davon zu überzeugen, dass ihre Politik das Beste für die Nation ist. Wenn wir allerdings zur Wahl schreiten, wird unsere Entscheidung zu einem großen Teil von ihrem Auftreten und ihrer Persönlichkeit bestimmt. Als der britische Premierminister David Cameron für den Vorsitz der Konservativen Partei kandidierte, war er so gut wie unbekannt, weshalb der erste Eindruck sehr viel Gewicht haben würde. Als wir uns darauf einstellten, seine Pläne für die Zukunft der Partei und seine Politik zu hören, entstanden eine Reihe von Vorstellungen, öffneten sich eine Reihe von »Dateien« in unseren Köpfen, die den Hintergrund bildeten: *jung, unerfahren, recht gut aussehend, aus privilegierten Verhältnissen, hübsche Frau, kleine Kinder, eines davon behindert.* Sein Gegner David Davis hingegen weckte Assoziationen wie: *mittleren Alters, erfahren, Selfmademan, markante Züge einschließlich einer gebrochenen Nase, mit einer Frau, die eher verlässlich wirkt als für Modereportagen bestimmt zu sein.* Nichts von alledem hatte etwas mit der Fähigkeit dieser Männer zu tun, die Partei, geschweige denn das Land zu führen. Dennoch bildete es den Hintergrund für die Entscheidungen, die wir treffen würden, wenn wir zur Wahl gingen.

Im Jahr 2010 ging man davon aus, dass sich der britische Politiker Alan Johnson nach der Niederlage der Labour Party bei der Parlamentswahl um den Parteivorsitz bewerben würde. Er lehnte ab, obwohl er viel Erfahrung hatte und die Unterstützung führender Mitglieder genoss, die ihn wegen seiner einfachen Herkunft und frühen Verwaisung für das perfekte Gegenstück zu dem Eton-Absolventen hielten, der nun die Konservativen führte. Seine Entscheidung, sich nicht zur Wahl zu stellen, begründete Johnson mit den Worten: »Alle Kandidaten sind aus einem ganz bestimmten Holz. Es ist das Gleiche, aus dem auch Cameron und Clegg geschnitzt sind. Wenn ich dabei gewesen wäre, hätte das die Debatte vermutlich ein wenig angeregt, aber es wäre immer nur um meine Herkunft und nicht um das gegangen, was ich gesagt hätte.«

Aufgrund des präsidentiellen Regierungssystems sind Wahlen in den Vereinigten Staaten seit jeher stärker persönlichkeitsorientiert als in Großbritannien. In jüngster Zeit müssen sich Kandidaten bei US-Wahlen mit Fragen der Wahrnehmung wie *schwarz/weiß, männlich/weiblich, jung und unerfahren/erfahren und möglicherweise zu alt* auseinandersetzen.

Sie sollten also berücksichtigen, welche Dateien Sie in den Köpfen Ihrer Zuhörer öffnen – besonders im Hinblick auf ihre Vorurteile und die Frage, inwieweit ihr Wissen und ihre Erfahrung eingeschränkt sein könnten.

So arbeiten Sie mit den von Ihnen geweckten Vorstellungen

Sobald Sie Ihre Einschätzung getroffen haben, sollten Sie sich der Frage widmen, wie Sie auf die sich daraus ergebenden Vorstellungen aufbauen oder sie gegebenenfalls abschwächen können.

Regel 2 – Die Faktoren Prestige, Atmosphäre, Ambiente und Wunsch können Vorstellungen und Erwartungen stärken oder schwächen.

Beim einleitenden Vorgeplänkel spreche ich von meiner Mitgliedschaft in der Zauberervereinigung *The Magic Circle*, den

Zauberkünstlern in unserer Bar (Atmosphäre und Ambiente) und räume der Zauberkunst je nach dem vom Publikum vorab bekundeten Interesse (Wunsch) mal mehr, mal weniger Raum ein.

Das Placebo ist ein sehr schönes Beispiel dafür, wie dieses Prinzip in der wirklichen Welt funktioniert. Es wird offiziell von einem Arzt (Prestige) verschrieben, der in einer Praxis arbeitet – einem Gebäude, das ausschließlich dazu dient, dass es den Menschen besser geht (Atmosphäre und Ambiente). Der Patient will genesen (Wunsch), weshalb es auch so kommt.

Das Problem, dem ich im Rahmen meiner Schulungen am häufigsten mit Regel 2 begegnen muss, ist das Alter. Viele meiner Klienten sind in Branchen wie dem Gesundheits- oder dem Finanzwesen tätig und hoch qualifiziert, oft aber noch sehr jung. Einige sehen sogar noch jünger aus, als sie tatsächlich sind. Ihre äußere Erscheinung weckt Vorstellungen und Erwartungen, die dem Aufbau einer beruflichen Beziehung zu einem Kunden nicht zuträglich sind, der sich Beratung und Sachverstand viel Geld kosten lässt. Die jugendlich wirkenden Berater fühlen sich im Nachteil, ob der Kunde derartige Gefühle nun zum Ausdruck bringt oder nicht, und werden nervös, was sie weiter unterminiert. Die Lösung besteht darin, bereits früh Elemente von Prestige, Ambiente und Atmosphäre sowie Wunsch einzubauen. Im Grunde geht es darum, dass sie die Namen von Orten, an denen sie waren, und von Menschen, die sie kennen, geschickt ins Gespräch einfließen lassen, um Gemeinsamkeiten ausfindig zu machen und die Entstehung beiderseitigen Respekts zu beschleunigen.

Es ist auch wichtig, auf vorhandene Wünsche einzugehen. Als ich im Bereich der Öffentlichkeitsarbeit tätig war, hielten einige meiner Klienten weiter an der eher altmodischen Vorstellung fest, man müsse als Journalist angefangen haben, um erfolgreiche Pressearbeit machen zu können. Ich stellte eher selten Journalisten ein, aber wenn es doch einmal der Fall war, drängte ich sie, ihre journalistische Legitimation hervorzukehren. Dies sorgte in gewissen Fällen für glückliche Kunden und stärkte gleichzeitig das Selbstvertrauen der Journalisten, die in den Bereich Öffentlichkeitsarbeit gewechselt hatten und sich nach diesem beruflichen Umstieg oft etwas unbehaglich fühlten.

Nachdem Sie wissen, welche Vorstellungen und Erwartungen Sie wecken, und Ihr Möglichstes getan haben, um sie zu Ihrem Vorteil zu nutzen, folgt nun der nächste Schritt.

2.2 Knüpfen Sie an die Vorkenntnisse Ihres Publikums an

Es gibt viele Gründe, weshalb Zauberkünstler mit Spielkarten arbeiten. Der wichtigste aber ist, dass es sich um einen Satz aus 52 verschiedenen Objekten handelt, der leicht zu transportieren ist, sofort erkannt und auf der ganzen zivilisierten Welt verstanden wird.

Dass die Zauberkunst auch nach vielen Tausend Jahren in einer hochtechnologisierten Welt überlebt, liegt zum Teil am Aufschwung der »Straßenzauberei« – Zauberkunst, die auf der Straße, mit den Händen und mit Alltagsgegenständen, nicht mit bunt bemalten Requisiten vorgeführt wird.

Am schnellsten binden Sie Ihr Publikum, wenn Sie sich in Ihrer Kommunikation auf bereits vorhandene Vorkenntnisse stützen und sich vertrauter Referenzen bedienen, die bestimmte »Dateien« in den Köpfen öffnen.

Wenn ich mich vorstelle, arbeite ich mit Spielkarten, weil es sich dabei um eine Gruppe von Gegenständen handelt, die jeder kennt, die Sprachbarrieren überwindet und eine Reihe von Vorstellungen und Erwartungen weckt, mit denen ich spielen kann. Ich erwähne auch das geschäftsbezogene Beispiel von Bill Gates, der das Prinzip der PDAs bereits vor ihrer Einführung erfolgreich zu vermitteln wusste. Ein gutes Beispiel für erfolg*lose* Kommunikation – zumindest im Hinblick auf die britischen Zuschauer – war die Einführung einer weiteren technischen Innovation einige Jahre später. Der Festplattenrekorder TiVo war ein echter Meilenstein, was das Aufzeichnen von Fernsehprogrammen anging. Trotzdem wurde der Betrieb in Großbritannien innerhalb von zwei Jahren nach der Markteinführung wieder eingestellt und man überließ es Sky Plus, einige Jahre später einen erneuten Versuch zu starten. Ich glaube, dass TiVo vor allem deshalb scheiterte, weil die Kommunikation mit den Zuschauern misslang.

Mit Aussagen wie »Jetzt Livesendungen jederzeit anhalten!« konnten sie nichts anfangen. Die Vorstellung war ihnen fremd – es schien wenig glaubhaft, dass man Livesendungen einfach anhalten konnte. Man hätte die Zuschauer sowohl über die Technik als auch darüber aufklären müssen, welchen Nutzen sie für sie hatte. Sogar der Slogan »Es ist, als hätten Sie Ihren eigenen Fernsehsender« ging zu weit. Mit Ausnahme weniger Menschen wie etwa Rupert Murdoch hat niemand einen eigenen Fernsehsender. Es war also nichts, worüber die Menschen nachdachten oder wonach sie strebten. Da inzwischen jeder die Möglichkeit nutzt, Livesendungen anzuhalten und zurückzuspulen, war

TiVo seiner Zeit voraus. Vielleicht wäre es besser gewesen, sich anfangs auf das zu konzentrieren, was die Menschen tatsächlich dachten. Es war gewissermaßen ein Klischee, dass sich niemand so richtig mit seinem Videorekorder auskannte, und darin lag ein großes Potenzial für Slogans nach dem Motto »Verpassen Sie nie mehr eine Folge«, »Die ganze Serie mit einem Klick« und so weiter.

Jeremy Clarkson, Moderator des britischen Motormagazins *Top Gear*, und Catherine Tate, Komikerin und Drehbuchautorin, sind zwei prominente Experten, die wissen, wie man an das vorhandene Wissen des Publikums anknüpft. Zu Clarksons Tricks gehört die Arbeit mit Vergleichen. Wie er inzwischen gesteht, geht dies auf seine Anfänge im Auto- und Motorjournalismus zurück, als er noch nicht allzu viel über Autos wusste. Um zumindest ein wenig in die Tiefe gehen zu können, musste er auf Themen wie Essen oder Sex anspielen, und schon bald stellte er fest, dass er damit ein Publikum anzog, das weit über die üblichen Autonarren hinausging. Er blieb dieser Technik treu und wurde schließlich zu einem der größten Stars der BBC mit lukrativen Nebentätigkeiten als Journalist und Autor.

Catherine Tates komische Charaktere sind zum Teil deshalb ein Erfolg, weil jeder alte Damen wie den von ihr geschaffenen »Oma-Charakter« und missmutige Teenager mit »null Bock« kennt. Komik ist Tate zufolge erfolgreich, wenn sie »zu acht Teilen [aus] Wiedererkennen, einem Teil Schock und einem Teil Übertreibung« besteht. Schamlose Übertreibung ist natürlich auch eine Waffe in Clarksons Arsenal.

Wenn es darum geht, an die Vorkenntnisse Ihres Publikums anzuknüpfen, können Sie sogar noch einen Schritt weitergehen und überlegen, wie Sie Empathie erzeugen können.

2.3   So erzeugen Sie Empathie

Heute genießen nur wenige Zauberkünstler den Luxus, durch einen Orchestergraben von ihrem Publikum getrennt zu sein. Meist müssen sie zaubern, wann und wo sie können, häufig auf der Straße oder auf Banketten, wo sie von Tisch zu Tisch wandern. Auf diese Weise erhalten sie umgehende und häufig brutal ehrliche Rückmeldungen ihrer Zuschauer und werden sehr geschickt darin, ihre Vorgehensweise oft sogar mehrmals an einem Abend an das jeweilige Publikum anzupassen.

Überlegen Sie, was Sie verändern müssen, um näher an Ihrem Publikum zu sein.

Jargon

Könnte es sein, dass einer Ihrer Zuhörer den von Ihnen verwendeten Wortschatz nicht versteht? Unter den richtigen Umständen kann Fachjargon aber auch hilfreich sein, um eine Verbindung zum Publikum herzustellen. Man sollte ihn allerdings meiden, falls die Gefahr besteht, dass auch nur einer der Anwesenden die Begriffe nicht kennt und sich dadurch ausgeschlossen fühlen könnte.

Relevanz und Komplexität

Müssen Sie Ihre Kommunikation im Detail vereinfachen, an ein bestimmtes Publikum oder eine bestimmte Gelegenheit anpassen? Leider spulen Redner viel zu oft das übliche Programm ab, ohne Rücksicht auf die Menschen zu nehmen, zu denen sie gerade sprechen. Der ehemalige britische Premierminister Tony Blair tat sich mit seiner Rede vor dem Women's Institute schwer – und erhielt auch nur spärlichen Beifall dafür. Ein anderes Mal sah ich, wie ein Bürgermeister Kindern (!) von Haushalts- und Abstimmungsfragen erzählte.

Wie in den meisten Fällen hätten auch bei diesen beiden Beispielen bereits kleine Veränderungen der Vorträge genügt, um den Bedürfnissen und Interessen des Publikums entgegenzukommen. Der Bürgermeister hätte die Aufmerksamkeit der Kinder wecken können, indem er über die von ihnen genutzten öffentlichen Einrichtungen am Ort – über Parks, Schwimmbäder und so weiter – gesprochen und ihnen anschließend einen kleinen Einblick gegeben hätte, was dazu nötig ist, dieses Angebot zu schaffen. Bei Blair hätte es vermutlich schon ausgereicht, wenn seine Beraterin in Frauenfragen seine Grundsatzerklärungen kurz überarbeitet hätte.

Oft läuft es darauf hinaus, wie alt das Publikum ist, und Zauberkünstler sind sich der erforderlichen Anpassungen deutlich bewusst. Ein einfaches Beispiel dafür ist, dass die Kartentricks, die ich als universell einsetzbar bezeichnet habe, bei Kindern nicht funktionieren. Da sie die entsprechenden Vorstellungen und Assoziationen zu Kartenspielen erst noch entwickeln müssen, hat es für sie keine Bedeutung, wenn Sie die Kreuz-Drei finden – ganz gleich, wie gut Ihre Technik ist.

Im Mittelpunkt einer der Geschichten, die ich bei meinen Schulungen verwende und die ich später auch Ihnen, meinen Leserinnen und Lesern, erzählen werde, steht der legendäre Auftritt der Rockband Queen beim Benefizkonzert *Live Aid* im Jahr 1985. Ich verwende sie allerdings nur, wenn mein Publikum mittleren Alters ist, denn ganz gleich, wie gut sie eine

Kernaussage illustriert, für alle unter 40 ist es nur eine uralte Geschichte!

Kulturelle Bezüge

Falls Ihre Zuhörer nichts mit den Menschen, Orten und Ereignissen anfangen können, die Sie zur Anschaulichkeit anführen, wird Ihr Versuch scheitern, Ihre Aussage damit zu verdeutlichen. Am Ende verwirren Sie sie sogar noch.

Zauberkünstler sind diesbezüglich im Vorteil, da die Sprache der Magie recht universell ist. Auffällig ist allerdings, wie wenige Komiker auch über die Grenzen ihres Landes hinweg erfolgreich sind, selbst wenn man dort die gleiche Sprache spricht. Eddie Izzard gehört zu den wenigen britischen Komikern, die in verschiedenen Ländern und sogar in verschiedenen Sprachen erfolgreich sind, und er sucht gewissenhaft nach Empathieentsprechungen. Wenn er zum Beispiel über einen Schokoriegel sprechen möchte, nimmt er KitKat, da er herausgefunden hat, dass diese Marke in dem von ihm abgedeckten Gebiet fast überall erhältlich ist.

Vor einigen Jahren engagierte mich ein Kunde in Swasiland. Also befolgte ich meinen Rat und fing an, die kulturellen Referenzen in diesem Teil des südlichen Afrikas zu recherchieren. Im Rahmen meiner Suche, welche Filmstars dort besonders beliebt waren, stieß ich auf ein Zitat von Richard E. Grant, der gesagt hatte: »Es gibt kein Kino in Swasiland.« Kein guter Start, fand ich. Wie konnte ich einen gemeinsamen Nenner finden, wenn ich nicht einmal meine Geschichten über Tom Cruise erzählen konnte? Zum Glück stellte mich Richard E. Grant nicht nur vor das Rätsel, sondern lieferte gleich auch noch die Lösung. Er hatte kurz vorher den Film *Wah-Wah* gedreht, in dem auch meine Freundin Celia Imrie mitspielte. Ich rief bei Celia an, die mir empfahl, mir zunächst den Film anzusehen, der mir zugegebenermaßen entgangen war und anschließend meine Wissenslücken füllte.

Geschlecht

Es mag sich altmodisch anhören, wenn ich sage, dass Sie Ihre Botschaft dahingehend anpassen sollten, ob Sie zu Männern oder Frauen sprechen. Aber beide Geschlechter werden von verschiedenen Dingen motiviert und nehmen Informationen unterschiedlich auf. Wie so vieles stammt diese Lektion aus erster Hand und aus einer ungewöhnlichen Quelle.

Bevor der Komiker und Stimmenimitator Alistair McGowan im Fernsehen berühmt wurde, engagierte ich ihn für eine Weihnachtsfeier zur Unterhaltung meiner Mitarbeiter. Er traf sehr zeitig in dem Londoner Pub ein, in dem die Veranstaltung stattfand, und als er einen verstohlenen Blick auf sein Publikum und den Ort seines Auftritts warf, sagte er: »Hey Nick, ich wünschte, Sie hätten mir gesagt, dass Sie so viele Frauen beschäftigen.« Ich fragte, weshalb das wichtig sei, und er erinnerte mich daran, dass es bei einem großen Teil seines Materials um Sport ging und er Bedenken hatte, dass meine Mitarbeiterinnen die Stimmen nicht erkennen könnten. Daher setzten wir uns gemeinsam hin und gingen sein Programm systematisch durch. Wir entschieden uns für den Katzen-Sketch, den Wetteransager und ein paar DJs, aber gegen die Fußballkommentatoren. Er schlug ein wie eine Bombe und hätte vermutlich sogar mit seinem Standardprogramm Erfolg gehabt, aber auch ein Komiker erhält sofort Rückmeldung, und offensichtlich hatte er im Laufe seiner Karriere einige spezielle Lernerfahrungen gemacht.

Es handelt sich hier um eine eher primitive Form der Psychologie, aber eine grobe Faustregel lautet: Männer reagieren gut auf Fakten und Statistiken, Frauen bevorzugen Geschichten, Anekdoten und Metaphern. Der Vorfall mit Alistair McGowan zeigt, wie Männer lernen können, die berufliche Kommunikation mit Frauen zu verbessern, indem sie den Sportmetaphern eine »Auszeit« gönnen. Sie verfallen nur zu leicht in die Gewohnheit, Unterhaltungen mit Ausdrücken aus der Welt des Sports zu pfeffern, zum Beispiel »die Latte höher legen«, »über die Runden kommen« und »sich der Herausforderung stellen«, die einfach einen Hauch zu machohaft sind, um viele Frauen zu motivieren oder auch nur zu erreichen.

Nachdem Sie alle Faktoren in Erwägung gezogen haben, die Ihnen helfen können, sich in Ihr Publikum einzufühlen, werden Sie nun dafür sorgen, dass Ihre Botschaft eine Bedeutung für diese Menschen bekommt.

2.4 So bekommt Ihre Botschaft eine Bedeutung für Ihr Publikum

Zauberkünstler wissen sehr gut, wie wirkungsvoll es ist, wenn sie dafür sorgen, dass ihre Botschaft eine Bedeutung für ihr Publikum erhält. Wenn sie das eigene Taschentuch verschwinden lassen oder pfiffige Münzspielereien präsentieren, werden sie vermutlich höflichen Beifall ernten. Leihen sie sich dagegen die Armbanduhr eines Zuschauers, wird man ihnen deutlich mehr Beachtung schenken, da das Publikum persönlich in den Prozess eingebunden ist und ein Interesse daran hat. Es erhöht zudem die Wahrscheinlichkeit, dass sich die Zuschauer später darüber unterhalten werden.

Die Krux an diesem Stadium ist:

Regel 4 – Das Gehirn filtert den Großteil der eingehenden Informationen heraus und lässt nur durch, was es für wichtig hält.

Die Psychologen streiten sich, wie viele Informationen das Gehirn pro Sekunde aufnimmt – die Schätzungen liegen zwischen 500 und nicht weniger als elf Millionen. Einig ist man sich im Allgemeinen aber darin, dass es nur einen winzigen Teil davon behält; angeblich soll es zwischen 16 und 40 Informationen auf einmal bewältigen können. Daraus ergibt sich eine deutliche Diskrepanz, die durch das moderne Leben noch verschärft wird, in dem wir rund um die Uhr multimedial mit Marketingbotschaften bombardiert werden. Es heißt, in den vergangenen 30 Jahren hätten wir mehr Informationen produziert als in den fünf Jahrtausenden davor.

Denken Sie an das letzte Mal, als Sie einen neuen Wagen ausgesucht oder das Handymodell gewechselt haben. Vermutlich haben Sie viel Zeit und sorgfältige Überlegung in Ihre Entscheidung investiert und sich vielleicht sogar zu Ihrer erlesenen Wahl beglückwünscht. Und plötzlich war Ihnen, als sähen Sie dieses Modell überall. Das liegt daran, dass es Ihnen *wichtig* geworden war. Ich machte die gleiche Erfahrung, als die jährliche Hauptuntersuchung (Verkehrssicherheitsprüfung) meines Wagens anstand. Die örtliche Prüfstelle, zu der ich jahrelang gefahren war, war geschlossen worden. Ich verfluchte den Umstand, dass ich mich nach einer neuen Möglichkeit umsehen musste, und ärgerte mich darüber, wie umständlich es sein würde, zu der anderen Werkstatt und wieder nach Hause zu kommen, wenn ich erst einmal eine gefunden hätte. Ich beschloss, mich in ein paar Straßen unweit meines Hauses umzusehen, für den Fall, dass irgendwo eine Prüfstelle war, die ich bislang übersehen hatte. Dann geschah Folgendes: Ich bog ganz in der Nähe des Hauses, in dem ich seit neun Jahren lebte, in die Hauptstraße ein und entdeckte nach 50 Metern auf der rechten Straßenseite ein Schild mit der Aufschrift »Hauptuntersuchungen und alles, was Ihr Wagen sonst noch braucht«. Knapp zehn Jahre lang war ich an diesem Schild vorbeigefahren – es befand sich sogar auf dem Weg zur Schule –, ohne es wahrzunehmen, weil die TÜV-Prüfung kein Thema für mich gewesen war. Aber nun, da sie plötzlich wichtig geworden war, türmte es sich vor mir auf.

Auf diese Weise können Menschen und Gegenstände »vor aller Augen verborgen« bleiben. Sie fügen sich so gut in ihre Umgebung ein, dass sie praktisch unsichtbar werden. Wie Regel 15 besagt, wird *allzu Vertrautes* »unsichtbar«. Der »Uhrentest« zeigt dies sehr schön. Er ist ein alter Lieblingstrick der Zauberkünstler, aber diese Version stammt von David Berglas, dem ehemaligen Präsidenten der Zauberervereinigung *The Magic Circle*. David ist ein international bekannter Zauberkünstler (»International Man of Mystery«). Er ist der Guru und Held vieler Magier einschließlich Derren Brown, der ihn als »einen der größten lebenden britischen Zauberkünstler« bezeichnete. David ist auch über seine Auftritte hinaus vielseitig tätig und bildet unter anderem Polizeianwärter in Überwachungstechniken aus.

Dies ist der Uhrentest, wie David ihn mir erklärt hat. Vielleicht möchten Sie selbst mitmachen.

Sagen Sie mir, ohne nachzusehen, ob Ihre Uhr römische oder arabische Ziffern, Striche oder Punkte hat.
Viele Menschen können diese Frage nicht beantworten, so unglaublich das auch klingen mag, obwohl sie den lieben langen Tag auf ihre Uhr sehen. Gestatten Sie ihnen, ihre Antwort mit einem Blick zu überprüfen. Fragen Sie dann:

Wie ist die Drei-/die Sechs-Uhr-Position auf Ihrer Uhr gekennzeichnet?
Obwohl sie gerade auf die Uhr gesehen haben, sind viele Menschen unsicher oder beantworten die Frage falsch, weil sie nicht gemerkt haben, dass sich an dieser Stelle die Datumsangabe oder ein anderes Element befindet. Gestatten Sie ihnen, ihre Antwort zu überprüfen, und fragen Sie dann:

Hat Ihre Uhr einen Sekundenzeiger?
Der eine oder andere ist in diesem Punkt unsicher, doch wenn er mit großer Bestimmtheit antwortet, stellen Sie eine weitere Frage:

Bewegt er sich schrittweise oder kontinuierlich weiter?
Gestatten Sie einen prüfenden Blick auf die Uhr und fragen Sie:

Sagen Sie mir zum Schluss, wie spät es ist?
Die meisten Menschen werden die Zeit nicht wissen, obwohl sie gerade zwei- oder dreimal auf die Uhr gesehen ha-

ben. Sie haben sie einfach nicht wahrgenommen. Oder wie David Berglas sagt:»Sie haben gesehen, aber nicht wahrgenommen.«

Eine letzte Bemerkung zum Uhrentest: Menschen, die eine Uhr mit römischen Ziffern haben, werden die Fragen wegen des charakteristischen Designs vermutlich eher korrekt beantworten. Möglicherweise haben sie das Modell sogar aus diesem Grund gekauft. Bitten Sie in diesem Fall darum, dass sie die Vier so aufzeichnen, wie sie auf ihrer Uhr zu sehen ist. Sie werden vermutlich eine IV aufmalen, da dies die übliche Schreibweise ist. Auf Uhren mit römischen Ziffern wird die Vier aber meist als IIII dargestellt.

Verleihen Sie einer Botschaft Bedeutung, indem Sie sie personalisieren

Sie müssen *dafür sorgen*, dass Ihre Botschaft für Ihr Publikum eine Bedeutung bekommt. Das lässt sich am einfachsten dadurch bewerkstelligen, dass Sie sie auf die Anwesenden zuschneiden – und sofort auf ihr Lieblingsthema kommen. Aus diesem Grund werden Zauberkünstler immer versuchen, sich Gegenstände von ihren Zuschauern zu leihen, ein passendes Geschenk hervorzuzaubern und Höhepunkte zu schaffen, bei denen das Logo der Firma oder der Name des Geburtstagskindes eine Rolle spielt.

Meine eigenen Zaubervorführungen beschränken sich darauf, meine Vorträge einzuleiten oder abzuschließen und Elemente meines Trainings zu illustrieren. Ich lasse mich aber gern zu gelegentlichen Auftritten etwa im Rahmen von Spendenaktionen an den Schulen meiner Kinder verpflichten. Auf diese Weise bleibe ich in Übung. Gewöhnlich haben diese Veranstaltungen ein bestimmtes Thema oder einen Schwerpunkt, der sich zur Personalisierung eignet, und ich stelle fest, dass ich mit Tricks, die andernfalls banal wären und die ich ohne das Element der Personalisierung niemals in Betracht ziehen würde, wunderbare Reaktionen erziele.

Stellen Sie sich folgendes Szenario vor: Ich trete bei einer Benefizveranstaltung für die örtliche Schule auf und zeige ein paar Karten, von denen wir eine nach der anderen auswählen und eliminieren, bis die Kreuz-Drei übrig bleibt, was meine Vorhersage bestätigt. Die Kreuz-Drei ist außerdem die einzige Karte mit rotem Rücken in einem blauen Kartenspiel. Das ist zwar recht clever, aber das ist auch schon alles! Am nächsten Tag wird vermutlich niemand mehr am Wasserspender darüber sprechen. Stellen Sie sich nun vor, ich hätte ein Kartenspiel, das nicht mit den üblichen Symbolen, sondern mit Fotos der einzelnen Lehrer versehen ist. Auf einmal wird alles viel spannender und jeder hofft, dass sein Lieblingslehrer der oder die Auserkorene ist. Während Karten ausgewählt und weggelegt werden, machen Insiderwitze die Runde, und am Ende erweist sich derjenige mit dem Schulwappen auf der Rückseite als Sieger. Der Trick ist der gleiche, aber er ist nun für alle Beteiligten viel interessanter und bedeutsamer, sodass sie die ganze Zeit über mitmachen, ihren Spaß daran haben und auch am nächsten Tag noch davon sprechen.

2.5 So entscheiden Sie über die beste Vorgehensweise

»Lieben Sie Kartenkunststücke?«
»Ich hasse Kartenkunststücke.«
»Dann will ich Ihnen nur dieses eine hier zeigen.«
Er zeigte mir drei ...
Mr. Kelada war mir nicht sympathisch.

Aus: *Mister Allwissend* von W. Somerset Maugham

Auf welchen Ansatz wird dieses Publikum am besten ansprechen? Würde es eine dramatische Präsentation »mit allem Drum und Dran« zu schätzen wissen oder handelt es sich eher um die Sorte Mensch, die sagen würde: »Vergessen Sie das Ganze. Geben Sie mir nur die Fakten.« Dies einzuschätzen ist nicht leicht. Menschen in eintönigeren Berufen wollen oft mit einem kleinen Spektakel erheitert werden. Menschen, die in einem innovativeren Umfeld tätig sind, haben manchmal das Gefühl, alles schon gesehen zu haben, und wissen womöglich einen schlichten Ansatz mehr zu würdigen.

Sie sollten sich zudem fragen, ob sich Ihr Publikum eher von einer kurzen, bündigen Darstellung angesprochen fühlen oder an Einzelheiten interessiert sein wird. Dies hängt zum Teil davon ab, wie die einzelnen Zuhörer Informationen aufnehmen. Jeder von ihnen hat seinen ganz persönlichen Denkstil, und während die meisten Menschen eher visuelle Typen sind, haben andere einen eher auditiven Zugang und wieder andere werden am meisten von kinästhetischen Informationen berührt, die auf Gefühlen und Emotionen basieren.

Der visuelle Typ denkt in Bildern. Er ist sich der Farben sowie des Aussehens der Dinge deutlich bewusst. Er spricht schnell und verwendet Ausdrücke wie »Ich möchte Ihnen ein Bild davon geben ...«.

Der auditive Typ reagiert auf Klang, ist leicht abzulenken, spricht langsamer und verwendet Sätze wie »Haben Sie schon gehört ...?«.

Die Gedanken des kinästhetischen Typs beruhen auf körperlichen Empfindungen. Diese Menschen sind sich genauestens bewusst, wie sich etwas anfühlt – Kleidung, Sitzgelegenheiten, Licht und so weiter. Sie sprechen eher langsam und verwenden Formulierungen wie »Ist das für Sie angenehm?« oder »Gehen wir ein paar Hände schütteln«.

Dies ist zweifellos ein Thema für sich. Entscheidend aber ist: Wenn Sie Ihren Kommunikationsansatz an die bevorzugte Denkweise Ihres Publikums anpassen, können Sie recht schnell eine echte Verbindung aufbauen. Oft lässt sich allerdings am leichtesten herausfinden, was *nicht* der bevorzugte Denkstil einer Person ist. Einer meiner langjährigen Kunden ist Multimillionär und Gründer eines Finanzdienstleistungsunternehmens. Dennoch wurde ich Zeuge davon, wie er angesichts von zwei Blättern mit Kleingedrucktem buchstäblich die Hände vors Gesicht schlug. Ich habe ihn auch wie ein verängstigtes Kaninchen dreinschauen sehen, als er eine einfache Aufgabe im Kopf rechnen sollte. Zeigen Sie ihm dagegen ein Diagramm oder geben Sie ihm eine anschauliche Beschreibung, erhellt sich sein Gesicht.

Was Präsentationen angeht, besteht die große Herausforderung darin, dass die Menschen in Ihrem Publikum wahrscheinlich eine Reihe verschiedener Lieblingsdenkstile haben werden.
Darum vergessen Sie nicht:

Regel 12 – Die Sinne bieten fünf verschiedene Zugangs-
möglichkeiten zum Gehirn.

Um alle Mitglieder Ihres Publikums optimal zu erreichen, müssen Sie möglichst viele Sinne ansprechen. Neben dem visuellen,
auditiven und kinästhetischen gibt es noch den olfaktorischen
(Geruch) und gustatorischen (Geschmack) Zugang. Die ersten
drei lassen sich zweifellos am einfachsten bedienen, aber vergessen Sie nicht, dass Geruch und Geschmack sehr starke Assoziationen wecken können. Denken Sie bitte kurz an Zitronen. Ich
weiß nicht, wie gut Zitronenextrakt tatsächlich säubert, doch
wenn etwas mit einem Reinigungsmittel auf Zitronenbasis ge-
putzt wurde, erweckt es den Eindruck, blitzsauber zu sein. Stellen Sie sich nun vor, Sie würden in eine Zitrone beißen und etwas von dem Saft würde Ihnen aus den Mundwinkeln laufen.
Ich wette, dass Ihre Geschmacksknospen bereits kribbeln.

Zu guter Letzt sollten Sie im Hinblick auf Ihre Herangehensweise überlegen, welche Medien bei Ihrem Publikum am besten
ankommen werden. Wird eine PowerPoint-Präsentation erwartet? Oder wäre den Leuten eine ungezwungenere Darstellung
lieber? Wenn eine PowerPoint-Präsentation erwartet wird, ist es
möglicherweise das Beste, den Vortrag *ohne* das Präsentationsprogramm zu halten, um sich abzuheben. Andererseits könnte
es sein, dass Sie Ihr Publikum damit nur verärgern. Auch hier
kommt es sehr auf den bevorzugten Denkstil der Anwesenden

an. Ganz gleich, was Sie normalerweise tun, Sie sollten sich immer fragen, womit Sie bei diesem Publikum in dieser Situation die größte Wirkung erzielen können.

Es wird allmählich Zeit zu entscheiden, mit welchen Mitteln Sie Ihr Publikum binden wollen.

2.6 Möglichkeiten der Publikumsbindung

Große Shows werden immer ihr Publikum haben und Zauberkünstler fühlen sich vom Glanz und Glamour von Las Vegas besonders angezogen. Sie wissen aber auch, dass sich die stärkste Magie oft mit einem Minimum an Requisiten oder Inszenierung erzielen lässt.

Der wichtige Ausgangspunkt ist hier, dass Sie niemals vergessen: Die wichtigsten Mittel zur Publikumsbindung – Ihre Stimme, Ihre Augen, Ihr Körper – sind ein Teil von Ihnen. Wir werden im *Vortragsteil* darauf zurückkommen. Beim *Präsentationsaufbau* sollte der Schwerpunkt darauf liegen, dass Sie die richtige Technik wählen und entscheiden, in welchem Umfang Sie davon Gebrauch machen oder ob Sie vielleicht ganz darauf verzichten möchten. Lassen Sie uns deshalb mit dem »Platzhirschen« beginnen und anschließend Alternativen sowie die Möglichkeit einer Kombination verschiedener Medien in Betracht ziehen.

PowerPoint

Zahlreiche Statistiken bestätigen, wie wichtig das visuelle Element einer Präsentation ist. Einige davon sind mit großer Vorsicht zu genießen, da die Quellen niemand mehr kennt und ihre Bedeutung verdreht wurde. Normalerweise sagt man, Informationen werden wie folgt ans Gehirn weitergegeben: 83 Prozent über die Augen, 11 Prozent über die Ohren und 6 Prozent über andere Sinne. Wenn es darum geht, sich etwas zu merken, kann auf verbale Reize lediglich ein Anteil von 10 Prozent entfallen, die visuelle Darstellung dagegen 50 Prozent ausmachen.

Wir sollten uns allerdings nicht allzu viele Gedanken um diese Zahlen machen. Was zählt, ist, dass visuelle Hilfsmittel einen großen Beitrag zu den meisten Präsentationen leisten können, um das Publikum zu binden, um Dinge zu verdeutlichen und hervorzuheben. Das Problem ist, dass die übliche Methode, visuelle Hilfsmittel in Präsentationen einzubauen – das allgegenwärtige Microsoft PowerPoint – zuweilen mehr Probleme schafft, als sie löst. »Tod durch PowerPoint« ist in der Geschäftswelt und in zunehmendem Maße auch in Klassenzimmern und Gemeindesälen zu einem nur allzu bekannten Klischee geworden. Ich schärfe meinen Schützlingen immer ein, dass die Verwendung von PowerPoint *nicht* obligatorisch ist; es gibt viele andere Möglichkeiten, die sie kommunikativ unterstützen und die unter gewissen Umständen sogar angemessener sein können. Tatsache aber ist, dass in vielen Situationen PowerPoint-Präsentationen erwartet werden. Es könnte also sein, dass Sie sehr viel Mut brauchen, um diese Erwartungen zu enttäuschen und darüber hinaus ohne eine, wie man meinen mag, recht bequeme Krücke auszukommen.

Microsoft PowerPoint ist auf unzähligen Computern auf der ganzen Welt installiert und deckt ungefähr 95 Prozent des Präsentationsmarktes ab. Schätzungen zufolge werden jeden Tag etwa 30 Millionen PowerPoint-Präsentationen gehalten. Dennoch ist der Name dieses Präsentationsprogramms für viele im Geschäftsleben stehende Menschen beinahe zu einem Schimpfwort geworden, und die Aussicht auf eine entsprechende Präsentation kann ein Gefühl des Grauens wecken. Immer öfter ordnen Menschen mit entsprechender Entscheidungsbefugnis eine »Kein PowerPoint«-Politik an.

Ich selbst glaube, dass PowerPoint ein wunderbares Werkzeug sein kann, die Leute aber vergessen, dass es ein *Hilfsmittel* ist, das sie als Sprecher unterstützen soll und kein Selbstzweck ist. Ich sage meinen Schützlingen: »*Sie* sind die Show. PowerPoint spielt bestenfalls eine Nebenrolle.« Leider weitet sich das Problem immer mehr aus, da es inzwischen ganze Generationen von Referenten gibt, die nie etwas anderes als PowerPoint kennengelernt haben.

Um mit diesem Programm korrekt arbeiten zu können, müssen Sie zunächst verstehen, welche Tücken es für jeden Redner bereithält. Meine persönlichen Nachforschungen ergaben sieben charakteristische Todsünden:

1. Todsünde – PowerPoint stiehlt Ihnen als Sprecher die Show
Es – nicht Sie – wird zum Fokus. Der für eine echte Bindung unerlässliche Blickkontakt kommt nie richtig zustande und kann erst recht nicht aufrechterhalten werden. Viel zu oft sind PowerPoint-Folien überfrachtet und das Publikum konzentriert sich darauf, sie zu lesen – oder es in den schlimmsten Fällen auch nur zu *versuchen* –, statt Ihnen zuzuhören. Wenn Sie nicht

mit Animationen arbeiten, sodass die Punkte nacheinander angezeigt werden, stiehlt PowerPoint Ihnen die Show. Das Publikum liest weiter, statt Ihren aktuellen Ausführungen zu folgen. Es gelingt Ihnen nicht, den von Regel 5 geforderten *klaren Fokus* zu schaffen.

2. *Todsünde* – PowerPoint macht unflexibel

Es scheint, als stünde das Format fest, als gäbe es keinerlei Spielraum, um auf konkrete Publikumsreaktionen und die aktuelle Stimmung einzugehen. Wenn im Laufe der Präsentation ein bestimmter Punkt zur Sprache kommt, fühlen sich die Referenten durchweg lediglich zu dem Hinweis imstande, dass sie noch auf dieses Thema zu sprechen kommen werden – in ungefähr 43 Folien, bitte haben Sie etwas Geduld!

Das Problem des Formats wird dadurch noch verschärft, dass bei PowerPoint-Präsentationen meist alle Elemente in einen Haufen Aufzählungspunkte verwandelt werden – was nicht immer die beste Möglichkeit ist, um eine Botschaft zu übermitteln. Um diese Schwäche zu illustrieren, wurden diverse historische Reden in PowerPoint-Formate umgewandelt. Ich selbst verwende bei meinen Schulungen Winston Churchills legendäre Ansprache »Wir werden auf den Dünen kämpfen«. Ich imitiere Churchill in seinen Elementen – Dünen, Landungsplätze, Hügel –, die in Form von Aufzählungspunkten eingeblendet werden, allerdings in geringfügiger Abweichung zu meinem Sprechrhythmus. Mit diesem Beispiel kann ich mühelos zeigen, dass PowerPoint nicht immer hilfreich ist. Manchmal ist man ohne besser dran.

3. *Todsünde* – **PowerPoint legt das »Design« in die Hände von Amateuren**

Jeder bastelt an der Präsentation herum und stopft alles hinein, was er zu sagen hat, ohne Rücksicht auf die Grundregeln guten Designs. In der Zeit vor PowerPoint haben wir Diapositive verwendet, die wir beim Fachhändler bestellen mussten, wodurch zumindest eine Ebene der Qualitätskontrolle gewährleistet war. Bei PowerPoint kann man alles selbst machen, und das bedeutet leider auch, dass alles geht.

4. *Todsünde* – **PowerPoint bietet zu viele Möglichkeiten**

Dies ist die vielleicht tödlichste Sünde von allen und stiftet zweifellos am meisten Unheil. PowerPoint-Präsentationen können als visuelles Hilfsmittel, als Gedächtnisstütze für den Referenten, Handreichung, Thesenpapier, eigenständige Vorführung oder zum Versand bestimmtes Dokument dienen und dürften noch eine ganze Reihe weiterer Verwendungsmöglichkeiten haben. Das Problem ist: Um den einzelnen Aufgaben gerecht zu werden, müssten die Informationen jedes Mal anders aufbereitet sein. Im Allgemeinen eignet sich eine Folie schlecht als Handreichung und umgekehrt. Aber selbst wenn die Leute dies verstehen, macht sich kaum jemand die Mühe, mehrere Versionen zu erstellen.

5. *Todsünde* – **PowerPoint vernichtet die Kunst des Geschäftsgesprächs**

Das Format sorgt dafür, dass wir letzten Endes einen *Vor*trag halten, statt *mit*einander zu reden. Darüber hinaus entsteht stillschweigend das Gefühl, man sei dazu verpflichtet, sich durch alle Folien zu ackern – bis zum bitteren Ende. Dabei wäre es zuweilen wirklich besser, das Programm zu schließen, nachdem es seinen Zweck erfüllt und die Diskussion angeregt hat, und das Gespräch einfach fließen zu lassen.

Gesagt werden muss auch, dass PowerPoint es ermöglicht, inhaltliche Schwächen zu verschleiern. Allzu leicht kann das Zusammenspiel von Format, Aufmachung und auffälligen Animationen einen oberflächlichen Glanz erzeugen, sodass die Wahrheit erst ans Licht kommt, wenn die Präsentation vorüber ist.

6. *Todsünde* – PowerPoint verursacht Stress und Sorge wegen eines bloßen technischen Hilfsmittels
Wenn Sie sich schon Gedanken machen müssen – und eine gewisse Nervosität ist im Allgemeinen ein gutes Zeichen –, sollte Ihre Sorge dem eigenen Vortrag und nicht einem technischen Hilfsmittel gelten. Das Problem ist, dass bei der Erstellung und Vorbereitung von Präsentationen ein so großes Augenmerk darauf liegt sicherzustellen, dass »die PowerPoint-Präsentation« in Ordnung ist. Ganze Teams verwenden enorm viel Energie auf das Verfassen, Überarbeiten und Korrigieren der PowerPoint-Folien, um sie anschließend auszudrucken, damit sie so schön und repräsentativ aussehen wie möglich. Wenn die letzte Seite aus dem Drucker kommt, stoßen alle einen tiefen Seufzer der Erleichterung aus und verkünden: »Fertig!« Falsch! Die eigentlichen Bemühungen sollten der Frage gelten, wie Sie als Mensch das Publikum binden können. PowerPoint ist lediglich ein Programm, das Ihnen – gegebenenfalls – dabei hilft. *Sie* sind die Show; *es* spielt bestenfalls eine Nebenrolle.

7. *Todsünde* – PowerPoint macht alle gleich
Regel 15 besagt: *Allzu Vertrautes wird unsichtbar.* Um eine gewisse Wirkung zu erzielen, müssen Sie sich ein wenig abheben,

sonst riskieren Sie, in den Hintergrund zu rücken und übersehen zu werden. Leider arbeitet PowerPoint in diesem Punkt gegen Sie. Das Programm lässt Ihnen so gut wie völlig freie Hand,
Ihre Präsentation so zu gestalten, wie Sie möchten. Leider verfügen nur wenige Menschen über das Wissen, die Zeit oder die
finanziellen Mittel, dies auch zu tun, sodass sich die Präsentationen am Ende auffallend ähneln. Dieses Phänomen wird durch
die vielen Funktionen, die den Referenten die Arbeit erleichtern
sollen, wie automatische Layout-, Farb- und Schriftvorschläge,
noch verstärkt. Außerdem dürfen Sie nie vergessen, dass Power-
Point wie ein Anker wirkt. Sobald die Zuhörer einen flüchtigen
Blick auf das Format erhaschen, erinnern sie sich (Regel 1) an
alle PowerPoint-Präsentationen, die sie jemals gesehen haben.
Kein guter Ausgangspunkt.

PowerPoint verursacht so viele Probleme, dass es zur Gefahr
werden kann. So mancher hat es bereits völlig abgeschrieben.
Einer meiner Kunden lehnt das Präsentationsprogramm strikt
ab, was ihn unverwechselbar und unvergesslich macht, da er
sein Konzept üblicherweise mit fünf oder sechs Mitbewerbern
vorstellen muss, die alle schwer mit PowerPoint bewaffnet sind.
   Trotzdem möchte ich wiederholen, dass ich PowerPoint für
ein fantastisches Werkzeug halte, das Sie – wenn korrekt ange-
wendet – bei all Ihren Vorhaben unterstützen und Ihnen als
Redner sogar einen gewissen Glanz verleihen kann. Es hat für
Referenten unter anderem folgende Vorzüge: Es hilft Ihnen,
mehr Inhalte zu vermitteln; ermöglicht unaufdringliche Wiederholungen; erlaubt es Ihnen, alles selbst zu machen; ist schnell
und kostengünstig; ist überall erhältlich und wird überall verstanden; ermöglicht es Ihnen, im Rahmen der Vorbereitung

Thesenpapiere zu erstellen. All dies mag Ihnen bekannt vorkommen, denn die Vorzüge haben eine bemerkenswerte Ähnlichkeit mit den sieben Todsünden. Natürlich ist es schön, dass
PowerPoint schnell, kostengünstig, universell und so weiter ist,
aber diese Eigenschaften können auch sein Niedergang sein.
Der erfolgreiche Einsatz dieses Präsentationsprogramms hängt
also weitgehend von der Person ab, die damit arbeitet: In den
richtigen Händen und mit der richtigen Planung kann es vor allem im Hinblick auf die Darstellung der alles entscheidenden
visuellen Informationen eine fantastische Hilfe sein. Gleichwohl
sollten wir uns fragen, wie es so weit kommen konnte, dass die
Früchte eines Programmes, das sich zunächst in der gesamten
Geschäftswelt verbreitet hat, bevor es Schulen, Kirchen und so
weiter eroberte, mit einem so abwertenden Ausdruck wie »Tod
durch PowerPoint« bezeichnet werden.

Die Schuldigen

Die Schuldigen sind Dennis Austin und Robert Gaskins, die PowerPoint – das ursprünglich »Presenter« hieß – 1987 erfanden
und noch im selben Jahr für 14 Millionen US-Dollar an Microsoft verkauften. Hinweise, wann alles schieflief, finden sich
bei einem Blick auf die allererste PowerPoint-Präsentation, mit
deren Hilfe die beiden ihre neue Erfindung verkauften und die
man sich immer noch auf der Internetseite von Robert Gaskins
(www.robertgaskins.com) ansehen kann. Wenn Sie einen Blick
darauf werfen, werden Sie sehen, dass sie gegen praktisch alle
Präsentationsregeln verstößt, die wir in der Zeit vor PowerPoint
zu lernen pflegten. Sie ist todlangweilig, enthält zu viele Informationen und lässt sich schlecht von einer Seite und erst recht

von einer Leinwand ablesen. Ich glaube, dass zu viel Wert auf die Technik und nicht genug auf gute Präsentationsgepflogenheiten gelegt wurde. Doch die sind nun, da Ihnen PowerPoint tatsächlich schaden kann, nach wie vor sehr wichtig – vielleicht sogar wichtiger denn je.

PowerPoint sollte Sie unterstützten, nicht antreiben

Damit PowerPoint für Sie arbeitet, müssen Sie dafür sorgen, dass es Sie nicht in den Hintergrund drängt, indem Sie sich daran erinnern, dass *Sie* die Show sind und es lediglich eine Nebenrolle spielt. Dies sollte offensichtlich sein, gerät aber gern in Vergessenheit und wer für eine sehr erfahrene Unternehmensberaterin, die ich schulte, zweifellos eine Offenbarung. Die Frau war ein wenig verblüfft, dass es den Anschein hatte, als habe sich ihre Präsentationstechnik nach 30 Jahren im Geschäft nicht verbessert, sondern verschlechtert. »Ich habe das Gefühl, dass bei der Präsentation meine Persönlichkeit verloren geht, und dadurch entsteht eine Nervosität, die ich früher nicht kannte«, sagte sie.

Als ich mir ihre Standardpräsentation ansah, wurde schnell klar, dass ihre PowerPoint-Folien sie *antrieben*, statt sie zu unterstützen. Die Energie und die Konzentration, mit der sie sich eigentlich in ihr Publikum einfühlen und es hätte mitreißen sollen, flossen stattdessen in die besorgte Frage, was auf der nächsten Folie stehe und wann der richtige Zeitpunkt wäre, sie zu wechseln. Außerdem musste sie ihren natürlichen körperlichen Ausdruck einschränken, da sie fürchtete, das Stichwortkonzept auf ihrem Laptop aus den Augen zu verlieren oder sich zu weit von der Leinwand zu entfernen. Die attraktive, mitreißende und energiegeladene Frau, die mich am Morgen begrüßt hatte, hatte sich in eine effiziente, aber leicht roboterhafte Referentin verwandelt, die man weniger genießen konnte, als sie erdulden zu müssen, und die sich kaum abhob oder im Gedächtnis blieb.

Sie wusste, dass sie nicht gut gewesen war, aber ich hatte das Gefühl, dass ihr der Grund dafür immer noch nicht ganz klar war. Ich hätte ihr ihre Schwächen darlegen können, aber da ich weiß, dass die Wirkung größer ist, wenn jemand selbst dahinterkommt (hier haben wir es wieder mit Regel 19 zu tun), sagte ich nichts dazu. Stattdessen bat ich sie, den ganzen Vortrag noch einmal zu halten – ohne PowerPoint. Sie sah mich entsetzt an, als wollte sie sagen: »Wie soll ich das nur schaffen?« Da ich wusste, dass sie mit ihrem Thema bestens vertraut war, gab ich ihr einen kleinen Schubs. In dem Augenblick, als sie begann, war die attraktive, mitreißende und energiegeladene Frau wieder da. Ich war gefesselt und wollte tatsächlich hören, was sie zu sagen hatte, obwohl ich die Details schon aus der langweiligen Version kannte. Die Sache war die, dass sie nun das Sagen hatte. Sie war sie selbst, statt sich von ihren Folien und dem von ihnen diktierten Aufzählungsformat antreiben zu lassen.

Wichtig war auch, dass dieses Experiment dazu beitrug, die Stellen hervorzuheben, an denen sie tatsächlich etwas Hilfe von PowerPoint brauchen konnte. Gemeinsam wählten wir einige Darstellungen aus, mit deren Hilfe sich schnell eine Vielzahl von Informationen vermitteln ließen: Wir entschieden uns für ein paar Vergleichsdiagramme zur Gegenüberstellung von Daten und einige Aufzählungspunkte, um ihre Kernbotschaften zusammenhängend darzustellen. Wir verzichteten also nicht vollkommen auf PowerPoint, sondern überarbeiteten alles und strichen dabei sehr viel Text, bis nur noch die Folien übrig blieben, die sie als Referentin unterstützten. Nun hatte sie wieder die Kontrolle. Das PowerPoint-Monster war gezähmt und tat, was sie verlangte.

2.7 Alternativen zu PowerPoint

Falls Sie nicht sicher sind, ob sich PowerPoint für eine bestimmte Präsentation eignet, oder vermuten, dass Ihr Vortrag ohne das Präsentationsprogramm besser funktionieren würde, gebe ich Ihnen folgenden Rat:

- Machen Sie Ihren ersten Probedurchlauf ganz ohne Hilfsmittel.
- Identifizieren Sie die Stellen, an denen Sie optische Unterstützung benötigen.
- Überlegen Sie, welche Hilfsmittel sich jeweils am besten eignen. Bleiben Sie unvoreingenommen und denken Sie in Idealvorstellungen. Wenn es bei Ihrer Präsentation zum Beispiel um die Markteinführung eines Wagens geht und Sie das Gefühl haben, dass es in der besten aller Welten hilfreich wäre, das Modell tatsächlich im Raum zu haben, merken Sie sich diese Idee (Saatchi & Saatchi haben das schon einmal gemacht; es ist also nicht zwangsläufig unmöglich).
- Sie werden merken, an welchen Stellen Sie PowerPoint benötigen, da es Ihnen schwerfallen wird, das auszudrücken, was Sie eigentlich sagen möchten.
- Es könnte allerdings auch sein, dass andere Hilfsmittel wie Requisiten, Bilder und die Mitwirkung des Publi-

kums Ihren natürlichen Präsentationsstil – in diesem Fall – besser unterstützen.

Es gibt legendäre Geschichten von Leuten, die herausfanden, dass ihre Präsentation die letzte im Rahmen eines langen Auswahlverfahrens sein würde, in dem PowerPoint eine große Rolle spielte. Sie verzichteten auf das Programm und zogen den Auftrag an Land – zum Teil deshalb, weil sie sich dadurch von der Masse abhoben. Ich nehme aber an, dass auch Regel 13 – *Anfang und Ende bleiben in Erinnerung* – etwas damit zu tun hatte.

Sehen wir uns nun einige Situationen an, in denen auf Power-Point verzichtet wurde.

Die »Glascontainer«-Präsentation

Als mir mein Steuerberater aus technischen Gründen empfahl, ein neues Konto für meine PR-Firma zu eröffnen, ergab sich eine der Situationen, in der mir ein etwas anderer Präsentationsansatz von Nutzen war. Er warnte, dass es schwierig werden könnte, da ich mich mitten in einem komplizierten Geschäftspartnerwechsel befand, und riet mir, die Bank mit meinen erstklassigen und berühmten Kunden zu beeindrucken. Ich schrieb die Namen auf ein Blatt Papier, das ich meinem potenziellen neuen Bankberater zeigen wollte, aber irgendwie wirkte die Liste nicht so beeindruckend, wie sie hätte sein sollen. Die Namen waren zweifellos erstklassig und berühmt, stachen aber nicht so recht ins Auge.

Darum beschloss ich, meine Kunden einfach mitzunehmen. Zu meinem Termin in der Bank erschien ich mit einer großen Sporttasche, die neben mir auf dem Boden stand, bis der richtige Augenblick gekommen war. Dann sagte ich: »Ich möchte Ihnen meine Kunden vorstellen.« Ich griff in die Tasche, zog eine Flasche Portwein *Cockburn's Special Reserve* heraus und stellte sie vor mich auf den Tisch. Weitere folgten: *Harveys Bristol Cream*, *Cockburn's LBV*, *Pommery Champagner*, *Holsten Pils*, *Babycham*, *Cherry B*, *Gaymer's Olde English Cider* sowie *Typhoo*-Teepäckchen in ihrer ganzen Sortenvielfalt. Im Nachhinein erinnert die Aktion ein wenig an Tommy Coopers berühmten Flaschentrick, bei dem er so viele Martini-Flaschen aus einem zylinderförmigen Rohr zaubert, bis der ganze Tisch voll ist.

Ich erklärte dem Bankberater: »Wie Sie sehen, habe ich viele Kunden aus der Getränkeindustrie und vertrete zudem das *Singapore Tourist Board*, einen britischen Radiosender …« Inzwischen war der Tisch voll und der Mann schien ein wenig besorgt, was ich noch alles aus meiner Tasche zaubern würde, weshalb er mich mit dem Angebot unterbrach, ein Konto für mich zu eröffnen. Ich hatte ihn mit einem Tisch voller Flaschen beeindruckt und »sein Muster durchbrochen«. Noch nie hatte jemand auf diese Weise mit ihm kommuniziert.

Die Präsentation bei Sir Richard Branson

Eine Werbeagentur sollte Sir Richard Branson ihre Entwürfe vorstellen. Die Angestellten begannen mit den üblichen Vorbereitungen, als jemand die entscheidende Frage stellte: »Wo soll die Präsentation denn stattfinden?« »In Bransons Haus«, lautete die Antwort, was sie ins Grübeln brachte. Es war allgemein bekannt, dass Sir Richard zwei große Häuser im Londoner Stadtteil Holland Park besaß. Im einen wohnte, im anderen arbeitete er, aber beide hatten eine sehr wohnliche und entspannte Einrichtung und Atmosphäre. Das Team kam zu dem Schluss, dass man vermutlich in einem der Wohnräume auf Sofas sitzen würde. Da wäre PowerPoint mit seinen Leinwänden und Projektoren fehl am Platz und würde sich mit dem zwanglosen Stil beißen, für den Branson berühmt ist. Aus diesem Grund packten sie lediglich einen Zeichenblock und ein gerahmtes Bild der prominenten Persönlichkeit ein, die sie für die Kampagne empfahlen, was der Situation angemessener war – und holten sich den Auftrag.

Die überzeugende Präsentation vor Dorfbewohnern in Swasiland

Bei meinem Seminar in Swasiland folgte ich der üblichen Schulungsroutine und bat die Teilnehmer, eine Präsentation mitzubringen, die sie schon einmal gehalten hatten – in der Form, die ihnen bei ihrem Publikum am angemessensten erschienen war. Eine Frau erklärte, sie spräche bei ihren Besuchen in den Gemeinden an dem Ort, an dem sich üblicherweise auch die Dorfbewohner versammelten, was so gut wie überall sein konnte und mit großer Wahrscheinlichkeit unter freiem Himmel war. Da war PowerPoint natürlich nicht das Hilfsmittel ihrer Wahl für ihre Präsentationen. Ihr Vortrag, so erklärte sie, sollte den Menschen in den Gemeinden vor Augen führen, wie viel Unterstützung sie im Laufe der Zeit bereits erhalten hatten und wie sie diese am besten nutzen konnten. Wie sie sagte, sei der Hintergedanke dabei, ihnen klarzumachen, dass sie im Laufe der Jahre immer größere Summen bekommen hätten. Allerdings handle es sich dabei um ein heikles Thema, das nicht offen angesprochen oder erörtert werden könne. Im Anschluss folgte eine der besten und effektivsten Präsentationen, die ich je gesehen habe.

Sie verwendete einfache Karten, die zeigten, welche Hilfsleistungen die Gemeinden in den einzelnen Jahren erhalten hatten, und die sie nach und nach an der Wand befestigte. Dabei arbeitete sie sich von links nach rechts vor. Als sie fertig war, zog sich die Kartenreihe über die ganze Wand. Unausgesprochen, aber deutlich zu sehen war, dass die Kartensäulen immer höher wurden, je weiter man nach rechts kam – wie bei einem Diagramm, das immer größere Einnahmezuwächse zeigt.

Aus solchen Geschichten können wir lernen, dass die ehrliche Antwort auf die Frage, welche Hilfsmittel und welchen Stil man für eine Präsentation wählen sollte, lauten muss: »Alles, was Ihnen hilft, die Geschichte zu erzählen.« Aus diesem Grund scheue ich mich davor, Standardalternativen vorzuschreiben. Wir sollten aber wenigstens die folgenden Möglichkeiten in Betracht ziehen.

Schaubilder und Schautafeln

Dank Desktop Publishing lassen sich diese Dinge heute sehr viel einfacher herstellen als früher. Sie sollten sich allerdings fragen, weshalb Sie ihnen den Vorzug vor einer PowerPoint-Präsentation geben. Liegt es daran, dass Sie ein Format benötigen, das größer ist als der Bildschirm eines Laptops, aber kleiner als die Leinwand eines Beamers? Oder dass diese technischen Möglichkeiten entweder nicht vorhanden oder der Situation nicht angemessen sind?

Schautafeln und -diagramme eignen sich am besten, wenn:

- ihre Zahl begrenzt ist (je mehr Sie haben, desto schwieriger werden Handhabung und Transport),

- sie hauptsächlich bildliche Darstellungen zeigen,
- die Größe von Raum und Publikum genau bekannt sind (das Format der Schautafeln lässt sich nicht mehr verändern),
- die Schautafeln stehen bleiben sollen, etwa um dem Publikum die Möglichkeit zu geben, verschiedene Optionen zu vergleichen.

Während der letzte Grund wohl auch der beste für die Verwendung von Schau- oder Diagrammtafeln sein dürfte, sollten Sie nicht vergessen, dass Sie in den meisten Fällen eher nach einem klaren Fokus streben werden, als die mögliche Ablenkung durch eine Auswahl verschiedener Bilder zu riskieren.

Ein Dokument durcharbeiten

Obwohl es sich hier um die wohl *schlechteste* Form der Präsentation handelt, kann sie in bestimmten Sektoren dennoch die Norm sein und erwartet werden, wie etwa in der Finanzbranche, wo das Publikum die beruhigende Wirkung ausführlicher Daten wünscht. Beim Durcharbeiten eines Dokuments kann es zu zahlreichen Problemen kommen: Es kann an einer klaren Schwerpunktsetzung fehlen; das Publikum kann zu früh zu Ihren großen Enthüllungen vorblättern; vor allem aber macht es den bedeutungsvollen Blickkontakt so gut wie unmöglich.

Wenn es in Ihrem Umfeld die Regel ist und erwartet wird, dass ein Dokument durchgearbeitet wird, ist es vermutlich klug, sich nicht allzu sehr dagegen zu sträuben. Mit meinen Kunden aus der Finanzbranche erarbeite ich Möglichkeiten, in denen sich die besten Aspekte beider Ansätze vereinen. Meine Ausführungen dazu finden Sie in Kapitel 13.4 »Was den Blickkontakt stört«. Mein grundsätzlicher Rat zum Thema Dokumente aber lautet, das Thesenpapier immer erst zum Schluss auszuteilen und den Anwesenden vorab unmissverständlich zu erklären, was sie davon erwarten können, um ihnen die Sorge zu nehmen, sie müssten sich detaillierte Notizen machen.

Flipcharts und Weißwandtafeln

In einigen Büchern zum Thema Präsentationstechnik finden sich Äußerungen wie »Flipcharts haben in Präsentationen nichts zu suchen«. Allein diese Aussage weckt in mir den Wunsch, damit zu arbeiten. Vor einigen Jahren pflegte ich mit einem Freund über die Frage zu spekulieren, was wohl das perfekte Präsentationsformat wäre. Wir einigten uns schließlich auf einen Vortrag mit Flipchart, bei dem es den Anschein hat, als ergäbe sich die Darstellung spontan aus den Ausführungen. Der springende Punkt war, dass diese Form der Präsentation am stärksten auf die jeweilige Situation zugeschnitten wäre und man viele Publikumsbeiträge berücksichtigen könnte. Die Wahrscheinlichkeit, dass die Menschen die Idee übernähmen, wäre größer, da sie an ihrer Entstehung beteiligt waren. Konventionellere Präsentationstrainer lehnen die Verwendung von Flipcharts ab, da dies einen allzu zwanglosen und spontanen Eindruck machen kann. Genau das ist aber auch der Grund, weshalb sie hilfreich sein können – wenn man sie sparsam und mit Bedacht einsetzt.

In Wirklichkeit würden Sie die Präsentation natürlich in weiten Teilen vorbereiten und viele Schlüsselbegriffe vermutlich bereits unsichtbar mit Bleistift auf die vermeintlich leeren Blätter der Flipcharts schreiben. Zauberkünstler wissen sehr gut, wie viel sich mit Bleistiftmarkierungen – vor aller Augen – auf einem Flipchart verbergen lässt. Derartige Kniffe bezeichne ich als »harmlose Tricks«. Sie haben große Ähnlichkeit mit Notlügen, das heißt, Sie schwindeln zwar ein wenig, aber aus den richtigen Gründen. Im Anhang finden Sie einen Abschnitt zum Thema harmlose Tricks.

Alte Medien – Diaprojektor, Kassettenrekorder, Overheadprojektor

Heutzutage wären Sie wohl arg in Bedrängnis, wenn Sie einen guten Grund für die Verwendung von Diapositiven finden müssten. Doch wenn es Ihnen hilft, Ihr Argument vorzubringen, müssen Sie sich keineswegs davor scheuen. Andererseits ist es noch nicht allzu lange her, dass ich zum letzten Mal einen Kassettenrekorder benutzt habe. Der Grund dafür war, dass ich meine Seminarteilnehmer dazu drängte, ihre technischen Hilfsmittel einfach zu halten, um nicht davon sabotiert zu werden. Ich hatte gerade gesehen, wie eine junge PR-Referentin damit kämpfte, die richtige Audiodatei erstens auf ihrem Rechner zu finden und zweitens dafür zu sorgen, dass sie über die winzigen Lautsprecher des Laptops auch tatsächlich zu hören war. Der Beitrag, der ihre Präsentation eigentlich unterstützen sollte, brachte sie stattdessen ins Stocken und die Referentin selbst aus der Fassung. Um eine Alternative anzubieten, holte ich einfach einen tragbaren Kassettenrekorder unter dem Tisch hervor, drückte auf Start, und schon war meine Aufnahme laut und deutlich zu hören. Das Schöne an altmodischen Kassetten ist, dass man zur gewünschten Stelle vorspulen und den vorbereiteten Beitrag jederzeit abspielen kann.

Mir fallen auch Situationen ein, in denen ein Overheadprojektor sehr gut geeignet wäre. Natürlich gibt es heutzutage technische Möglichkeiten, die es Ihnen gestatten, in PowerPoint-
Präsentationen hineinzuschreiben und so weiter. Aber ein Overheadprojektor hat etwas herrlich Beruhigendes, und wenn Sie
nach Interaktivität streben, erlaubt er es Ihnen zudem, dem Publikum weiter zugewandt zu bleiben.

Schaffen Sie die richtige Atmosphäre

Überlegen Sie, wie Sie mit der passenden Dekoration die richtige Atmosphäre für Ihre Präsentation schaffen können. Diese
Methode lernte ich, als ich in der Getränkeindustrie tätig war,
wo der Verkauf vieler Marken und Getränkesorten stark jahres-
zeitlich geprägt ist. Die Herausforderung bestand darin, dass
wir diese Produkte für gewöhnlich zu einem völlig anderen
Zeitpunkt einführen und bewerben mussten. Als ich mitten im
Winter ein Sommergetränk auf den Markt bringen sollte,
wandte ich mich an eine Firma, die Theaterrequisiten vermie-
tete, und besorgte mir die Kulisse eines ländlichen Gartens an
einem schönen Sommertag. Nun musste ich nur noch meine
Gartenmöbel aus dem Schuppen holen, und schon hatten wir
die Stimmung so verwandelt, dass sie unserem Produkt zu- und
nicht abträglich war.

Ein anderes Mal ließen wir das eine Ende des Konferenzti-
sches für eine Dinnerparty decken. Als der Zeitpunkt gekommen war, eine Werbeidee für ein Getränk zu erörtern, das man
in Restaurants nach dem Essen trinken konnte, dämpften wir
das Licht, entzündeten die Kerzen und nahmen am entsprechenden Teil des Tisches Platz. Das war ganz einfach vorzube-

reiten und wirkte so viel besser, als wenn wir die Anwesenden lediglich gebeten hätten, sich vorzustellen, zum Abendessen in einem Restaurant zu sein.

Vielleicht ergibt sich sogar die Gelegenheit, den Veranstaltungsort für sich sprechen zu lassen. Anfang der 1990er-Jahre musste ich für meinen Portwein-Kunden einen neuen Spitzenjahrgang auf den Markt bringen. Eines unserer wichtigsten Ziele war es, eine jüngere Käuferschicht anzusprechen und mit der Vorstellung aufzuräumen, Jahrgangsportwein würde hauptsächlich von alten Herren in ihren Clubs getrunken. Aus diesem Grund wählten wir als Veranstaltungsort den Groucho Club. Das war damals *der* angesagte neue Treff für Mitarbeiter der Medienbranche und zugleich ein Ort, der Essen, Trinken und Geselligkeit stark miteinander verband, aber dennoch das genaue Gegenteil eines traditionellen Herrenclubs darstellte. Allein die Ankündigung, dass die Veranstaltung im Groucho Club stattfinden würde, war eine klare Positionierung der Marke, die unsere Botschaft von einer unverbrauchten Sicht auf diese Getränkekategorie untermauern sollte. Der praktische Nutzen war, dass tatsächlich etliche jüngere, aufstrebende Weinjournalisten zu unserer Markteinführung erschienen, die derartige Veranstaltungen normalerweise mieden, da sie ohne Krawatte keinen Einlass in die häufig als Rahmen gewählten Örtlichkeiten rund um die angestaubte Herrenclubszene fanden.

Prototypen erwecken Ihre Idee zum Leben

Müssen Sie eine Idee oder ein Konzept vorstellen, die es noch gar nicht gibt, sollten Sie unbedingt einen Prototypen herstellen. Dadurch werden Ihre Vorschläge sicht- und greifbar. Es ist fast, als wären sie bereits Wirklichkeit und gingen weit über eine bloße Fantasievorstellung hinaus. Trevor Baylis, der Erfinder des Radios zum Aufziehen, sagte:»Wenn ein Bild mehr sagt als 1000 Worte, sagt ein Prototyp mehr als eine Million Worte.«

Den Beweis dafür erbrachte ich vor allem in einem Fall, in dem ein Kunde seine Enttäuschung darüber zum Ausdruck brachte, dass es ihm nicht gelungen war, eine starke Verbindung zwischen seiner Biermarke und dem »All Blacks«-Rugby-Team herzustellen, das er mit sehr viel Geld unterstützte. Es sollte noch einige Jahre dauern, bis sich auch viele andere Marken dem Trend anschlossen, limitierte Ausgaben ihrer Produkte herzustellen, weshalb meine Idee von einer begrenzten Auflage (pech)schwarzer Bierflaschen etwas vollkommen Neues war. Sie gefiel mir so gut, dass ich sie so wirkungsvoll wie möglich in Szene setzen wollte, und deshalb ein paar Prototypen vorbereitete. Ich entfernte einfach die Etiketten, klebte die Kronkorken ab, sprühte die Flaschen schwarz an und befestigte die Etiketten wieder.

Als ich eine – und für den Anfang wirklich nur eine – »All Blacks«-Flasche auf den Tisch stellte, legte sich ein Ausdruck des schieren Entzückens und der Aufregung auf die Gesichter meines Kunden und seiner Kollegen. Sie konnten es kaum erwarten, sie in die Finger zu bekommen. Ein Grund mehr, mit den anderen Flaschen, die ich unter dem Tisch versteckt hatte, noch etwas zu warten. Dieses Vorgehen war erheblich eindrucksvoller, als das Konzept lediglich zu schildern oder eine Skizze zu zeigen. Es gab einen weiteren Grund, mit den anderen Flaschen zu warten: Der eigentliche Clou sollte erst noch kommen. Ich hatte das Etikett auf der Flaschenrückseite durch einen neuen Entwurf mit Karikaturen der einzelnen »All Blacks«-Spieler ersetzt. Die limitierte Auflage verband also nicht nur die

Marke mit der gesponserten Mannschaft, sie bestand auch aus einer Reihe von mindestens 15 verschiedenen Flaschen, die man sammeln konnte. In Kapitel 3.5 werde ich ausführlicher erklären, wie man mit einem besonderen Clou arbeitet. Zauberkünstler lieben diese Technik, bei der das Publikum nach der vermeintlichen Pointe feststellt, dass ein weiterer Höhepunkt folgt, der den vorangegangenen entweder übertrumpft oder auf besondere Weise überhöht.

Zu guter Letzt sollten Sie wissen, dass Prototypen keineswegs ausgereift sein müssen. Sie sollten sogar ein wenig selbst gemacht aussehen, als wollten sie sagen: »Komm, ändere mich. So kannst du mich doch nicht lassen!« Geben Sie Ihrem Konzept wenigstens einen Namen, auch wenn es sich bislang nur um eine Idee handelt, die noch ohne materielle Gestalt ist. Auch dadurch hauchen Sie der Vorstellung Leben ein und erwecken den Eindruck, sie wäre beinahe schon Wirklichkeit und könne jederzeit umgesetzt werden.

Medien mischen

Am besten aber ist es, verschiedene Medien zu verwenden. Diese Option entspricht auch am ehesten dem Grundsatz »Alles, was Ihnen hilft, die Geschichte zu erzählen«. Sofern sich daraus ein zusammenhängendes Ganzes ergibt, garantiert eine Mischung der Medien, dass Ihnen für jede Aufgabe das beste Hilfsmittel zur Verfügung steht, und sorgt zudem für Bewegung und Veränderung, die so wichtig sind, um die Aufmerksamkeit zu erhalten (Regel 11).

So, wie Sie gelegentlich mit echten Requisiten mehr bewirken können als mit einem weiteren Bild auf der Leinwand, können

Videoclips wunderbar für Wirkung und Tempo sein. Unter der Bedingung, dass sie kurz, flexibel kürzbar und technisch leicht einzuspielen und wieder anzuhalten sind. Falls die von Ihnen gewählten Clips eine dieser Anforderungen nicht erfüllen, könnte es leicht sein, dass sie mehr stören als helfen. Denken Sie stets an Interaktivität und überlegen Sie, wo sich lohnende und unaufdringliche Möglichkeiten bieten, Ihr Publikum einzubeziehen, damit es das Gefühl hat, voll eingebunden zu sein. Wie können Sie Flipchart oder Overheadprojektor einsetzen – und sei es auch nur kurz, um die Stimmung zu verändern und Ihre Zuhörer etwas zu beteiligen?

Das iPad

Ich kann dieses Kapitel nicht beschließen, ohne jene Erfindung zu erwähnen, die in aller Munde war, als ich dieses Buch schrieb – das iPad oder den Tablet-Computer. Zum derzeitigen Zeitpunkt ist noch nicht abzuschätzen, wie gut es sich zur Präsentationsunterstützung eignet, da es in erster Linie immer noch als Spielzeug verwendet wird oder um damit anzugeben. Ich vermute allerdings, dass das iPad etwas zu klein sein wird, um Präsentationen tatsächlich effektiv zu unterstützen. Denken Sie daran, was ich darüber sagte, wie frustrierend Hilfsmittel sind, die man nicht richtig sehen kann.

Ich glaube allerdings, dass es durchaus nützliche Verwendungsmöglichkeiten für das iPad und ähnliche Geräte gibt. Da wäre zunächst die Möglichkeit, dass Sie eine scheinbar spontane Idee einflechten möchten, die Sie in Wirklichkeit natürlich sorgfältig überdacht haben. Dies fällt in die Kategorie der harmlosen Tricks, die Sie im Anhang finden werden. Der Grundgedanke

ist, dass eine Idee zuweilen mehr Gewicht hat, wenn es den Anschein hat, sie sei spontan aus einer Bemerkung aus dem Publikum entstanden, sodass die Anwesenden glauben, der Einfall
stamme von ihnen. Das heißt, dass Sie derartige Ideen nicht fest
in Ihre Präsentation einplanen können, aber dennoch unterstüt-
zendes Bildmaterial vorbereiten und zur Hand haben sollten –
auf Ihrem iPad.

Zweitens haben meine Freunde Richard Hall und Martin
Conradi eine Firma namens *Showcase*, die darauf spezialisiert
ist, die schönsten PowerPoint-Präsentationen zu erstellen (ja,
bisweilen können diese Wörter *tatsächlich* in einem Atemzug
genannt werden), die Sie je sehen werden. Da sie wissen, dass
ihre Kunden nicht immer mit Rechnern und Projektoren ausgestattet sind, stellen sie auch abgespeckte Versionen davon her –
vor allem Mappen, die sie als »lunch books« bezeichnen. Diese
Mappen haben genau den Zweck, den ihr Name vermuten lässt:
Sie ermöglichen es Ihnen, Ihre wunderschön gestaltete Power-
Point-Präsentation diskret an einem Tisch in einem Restaurant
zu zeigen. Ich glaube, das iPad könnte eine ähnliche Aufgabe
erfüllen, wenn auch auf technisch anspruchsvollere Weise als
die Druckversion. Das Problem ist, dass besonders dreiste iPad-
Besitzer alle anderen dieser Möglichkeit berauben werden, indem sie in der Öffentlichkeit zu viel mit ihren Geräten herumspielen und damit die Atmosphäre für ihre Verwendung in
eleganteren Restaurants vergiften werden.

Auf den Punkt gebracht

Finden Sie heraus, was in den Köpfen Ihrer Zuhörer vor sich geht, und entscheiden Sie erst dann, was Sie ihnen sagen oder welche Hilfsmittel Sie bei Ihrem Vortrag verwenden werden.

Kapitel 3

Aufmerksamkeit

Warum Fokus so wichtig ist – klare Ziele und was Sie Ihrem Publikum unbedingt mitgeben möchten; Anfang und Ende; wie Sie Aufmerksamkeit erregen; wie Sie Aufmerksamkeit erhalten; wie Sie den Höhepunkt Ihres Vortrags gestalten, planen und umsetzen

3.1 Warum Fokus so wichtig ist

Die erfolgreichsten Zauberkünstler haben auch die einfachsten und klarsten Ziele – sie wollen eine Frau zersägen, die Freiheitsstatue verschwinden lassen, fliegen. Ihre Ziele lassen sich in einem kurzen Satz zusammenfassen und bleiben auch nach ihrem Auftritt im Gedächtnis und im Gespräch.

Regel 5 – Konzentrierte Aufmerksamkeit erfordert einen klaren Fokus.

Ein klarer physischer Fokus ist für die Zauberkunst unerlässlich, da Magie nur entstehen kann, wenn sich die Aufmerksamkeit zur rechten Zeit am rechten Ort befindet. Wie man einen solch starken physischen Fokus schafft, werden wir uns ansehen, wenn wir in Teil III zum *Vortrag* selbst kommen. Im Stadium des *Präsentationsaufbaus* ist vor allem ein starker *geistiger* Fokus wichtig. Ausgangspunkt ist Ihr Ziel, das Sie klar definieren müssen. Wollen Sie wichtige Informationen vermitteln? Ihr Publikum zu sofortigem Handeln inspirieren? Langfristig überzeugen? Unterhalten? Etwas anderes? Gibt es ein heimliches Motiv? Handelt es sich um eine Mischung aus allen diesen Dingen?

Man erlebt nur allzu oft, dass sich jemand auf eine Präsentation einlässt, ohne sich wirklich zu fragen, zu welchem Handeln oder Denken er sein Publikum veranlassen möchte. Ich sehe viele gut vorgetragene und informative Präsentationen, die letzten Endes nur wenig bewirken, da eine klare Absicht fehlt. Wenn Sie sich über Ihr Ziel im Klaren sind, haben Sie einen Maßstab für Ihren Erfolg und eine Richtschnur für Ihre Fortschritte beim Präsentationsaufbau. Wie wir sehen werden, müssen Sie bei der Überarbeitung von Präsentationen gnadenlos sein. Wenn Sie eine klare Absicht haben, entscheidet diese einfache Frage darüber, was drinbleiben darf: »Bringt mich das meinem Ziel näher?«

Eng verbunden mit Ihrem Ziel ist auch die große Frage: **Was soll Ihrem Publikum von Ihrer Präsentation im Gedächtnis bleiben?** Hier kommt es auf folgende Regel an:

Regel 4 – Das Gehirn filtert den Großteil der eingehenden Informationen heraus und lässt nur durch, was es für wichtig hält.

Wenn Sie Ihre Zuhörer mit einer ganzen Reihe von Punkten konfrontieren, werden sie sich unter Umständen nicht einen davon merken. Erwähnen Sie dagegen nur einen wichtigen Punkt, erhöhen Sie damit die Wahrscheinlichkeit ungemein, dass sie sich daran erinnern werden – weil Sie einen klaren Fokus schaffen. Es ist viel besser, wenn eine Sache im Gedächtnis bleibt, statt dass eine ganze Liste in Vergessenheit gerät.

Sie müssen also einen klaren geistigen Fokus schaffen. Im Idealfall gibt es ein wichtiges Argument, an dem Sie Inhalt und Tempo Ihrer Präsentation ausrichten und das Sie mit Hilfsmitteln unterstützen.

Man braucht sehr viel Selbstdisziplin, um sich auf einen wichtigen Punkt zu konzentrieren, da jeder versuchen wird, eine Erwähnung seines speziellen Interessensgebietes in die Präsentation zu hieven. Es ist auch eine große Herausforderung, da die meisten Dinge kompliziert und facettenreich sind und sich nicht so leicht auf eine einzelne Botschaft reduzieren lassen. Ich spezialisiere mich nun schon seit Jahren darauf, elegante Kompaktversionen komplexer Inhalte zu formulieren, und es fällt mir immer noch schwer. Daher empfehle ich, den Abschnitt über Nachrichtendestillation im Anhang zu lesen, in dem ich mich von den Filmemachern bei der Formulierung sogenannter Fahrstuhlpräsentationen inspirieren lasse.

Der Trick besteht darin, auf eine einfache Botschaft (EEB) hinzuarbeiten, die drei wichtige Anforderungen erfüllt:

1. Sie ist einfach.
2. Sie ist unverwechselbar.
3. Sie führt weiter ins Detail.

Eines der besten Beispiele für eine Präsentation mit einer einfachen Botschaft (EEB) ist die Markteinführung des MacBook Air

von Apple. Computer sind naturgemäß kompliziert, facettenreich und mit Technikjargon verbrämt, aber in seiner Präsentation konzentrierte sich Steve Jobs auf nur einen wichtigen
Punkt – dass sein neues Produkt das »dünnste Notebook der
Welt« war. Nach seiner Ankündigung »Worum handelt es sich?
Kurz gesagt, um das dünnste Notebook der Welt« stand das
schlanke Design bei allen Punkten, die er ansprach, sowie bei
allen visuellen Hilfsmitteln im Mittelpunkt. Diese Botschaft war
sehr einfach und unverwechselbar. Sie besaß aber auch die dritte
Eigenschaft, das heißt, sie führte noch sehr viel weiter ins Detail.
Sie ebnete den Weg für die Diskussion über die technischen
Fortschritte im Bereich der Computerchips, Speicher und so
weiter und den sich daraus ergebenden Wettbewerbsvorteil. All
dies bekam in Verbindung mit dem schlanken Design eine noch
größere Bedeutung. Und weil die Botschaft so einfach war,
wurde sie zum Gesprächsthema und weckte das »Bedürfnis«,
das Produkt zu sehen.

Nachdem Sie Ihre eine einfache Botschaft (EEB) gefunden haben, müssen Sie Inhalt und Tempo Ihrer Präsentation darauf abstimmen. Wenn Sie sich den Vortrag von Steve Jobs ansehen – der
mit vielen weiteren auf iTunes oder YouTube zu finden ist –, werden Sie feststellen, dass er die Worte »das dünnste Notebook der
Welt« mehrmals deutlich artikuliert. Sie werden auch auf der
Leinwand eingeblendet. Bei den schlichten Bildschirmgrafiken
geht es ausschließlich darum zu zeigen, wie dünn das Notebook
ist. Das MacBook Air und seine Konkurrenten werden als »x Mil-
limeter dünn« (nicht »dick«) bezeichnet. Jobs zieht es aus einem
braunen Briefumschlag (der später auch in der Werbung zu sehen
ist) und hält es deutlich sichtbar vor sein einfarbig schwarzes
Oberteil, um das schlanke Design zu betonen.

Beachten Sie bitte auch, wie geschickt er Regel 19 einsetzt (*Der Mensch hat mehr Vertrauen in Schlüsse, die er selbst gezogen hat*). Dank des braunen Umschlags müssen Sie sich noch nicht einmal persönlich davon überzeugen, wie dünn das MacBook Air nun wirklich ist. Sie können es sich erschließen und staunen über Ihre Entdeckung.

3.2 Anfang und Ende

Der Zauberkünstler Wayne Dobson feierte in den 1980er-Jahren in Las Vegas und im Fernsehen große Erfolge. Wenn er für die Zauberervereinigung *The Magic Circle* Vorträge hält, konzentriert er sich auf den Trick, mit dem er schon seit Jahren seine Vorstellungen eröffnet. Er erklärt, wie er funktioniert, aber vor allem, *warum* er ihn vorführt und warum er ihn immer *am Anfang* vorführt. »Die Leute sollen mich mögen«, sagt er. »Sobald sie mich mögen, gehören sie für den Rest der Show mir.«

Wenn Sie entschieden haben, was Ihr Hauptziel ist und woran sich Ihr Publikum erinnern soll, können Sie mit der Strukturierung Ihrer Präsentation beginnen.

Normalerweise gilt, dass die Aufmerksamkeit im Laufe des Vortrags immer weiter zunehmen und am Ende ihren Höhepunkt erreichen sollte. In Wirklichkeit wäre dies sowohl für den Referenten als auch das Publikum ziemlich anstrengend. Es ist daher realistischer, eine Wellenkurve anzustreben, bei der die Aufmerksamkeit zunimmt, etwas nachlässt, wieder zunimmt, geringfügig nachlässt und schließlich ihren großen Höhepunkt erreicht. Die Auftritte von Zauberkünstlern folgen traditionell diesem Modell. Sie beginnen mit einem kleinen Trick und einem kurzen Moment der Entspannung, gefolgt von einer etwas größeren Nummer, um sich am Schluss zu ihrem größten Zauberkunststück zu steigern. Manchmal lässt der Künstler seinen Auftritt damit ausklingen, dass er die Aufmerksamkeit wieder auf seine Person lenkt, bevor er sich schließlich verabschiedet.

Diese Struktur wird von bekannten Autoren wie Henning Nelms befürwortet, die sich mit der Theorie der Zauberkunst beschäftigen. Inzwischen ist diese Vorstellung aber ziemlich veraltet. Im Augenblick setzt sich die moderne Ansicht durch, dass, wenn es gelingt, das Publikum gleich zu Beginn zu fesseln, man es geschafft hat und praktisch tun und lassen kann, was man will. Hat man dagegen einen schlechten Start, muss man den ganzen Auftritt lang darum kämpfen, dies wieder wettzumachen, und wird es kaum schaffen, den Höhepunkt so spektakulär hinzubekommen, wie er sein könnte.

Hier geht es um Folgendes:

Regel 13 – Anfang und Ende bleiben in Erinnerung

Abgesehen von Zauberkünstlern wie Wayne Dobson sind auch Rockbands mit Regel 13 bestens vertraut – die einen oder anderen sehen sie sogar recht zynisch. Sie wissen, wenn sie mit einem bekannten Song anfangen und mit ihrem größten Hit aufhören, können sie sich dazwischen so gut wie alles erlauben – zum Beispiel das ganze neue Album spielen –, und die Leute werden trotzdem mit guten Erinnerungen nach Hause gehen.

Daher müssen Sie Ihrer Einleitung und Ihrem Schluss mehr Aufmerksamkeit widmen als allen anderen Aspekten. Da sie am

besten in Erinnerung bleiben, müssen Sie sie bis ins kleinste Detail durchplanen und sehr gut einstudieren.

3.3   Wie Sie Aufmerksamkeit erregen

Falls Sie sich je gefragt haben, wie Sie zu Beginn Ihrer Präsentation das Interesse Ihres Publikums wecken sollen, stellen Sie
sich vor, Sie müssten es unter folgenden Bedingungen tun: vor
einer lärmenden Kulisse; wenn man nicht mit Ihnen rechnet;
wenn die Anwesenden ins Gespräch vertieft sind; wenn sie essen; wenn Sie mit einem Kellner um Aufmerksamkeit buhlen
müssen; im Halbdunkel. Gelingt es Ihnen, müssen Sie etwa alle
zehn Minuten von vorne anfangen. Dies sind die Bedingungen
für Zauberkünstler, die bei Banketten auftreten, was eine der
wenigen einigermaßen regelmäßigen Einnahmequellen für sie
ist. Aus diesem Grund verfügen sie über eine ganze Reihe von
Strategien, um Aufmerksamkeit zu erregen – von primitiv (es
geht dabei um vermeintlich verloren gegangene Taschenmesser,
falls Sie das glauben können) bis psychologisch durchdacht.

Der alte Grundsatz »Sagen Sie, was Sie sagen werden. Sagen Sie
es und sagen Sie es dann noch einmal« gilt auch hier. Auf jeden
Fall müssen Sie Ihr Ziel – den Grund, weshalb die Anwesenden
Ihnen zuhören sollen – im Vorfeld kundtun. Um eine Wirkung
zu erzielen, müssen Sie *das Muster des Publikums durchbrechen*
und die Leute ein wenig überraschen.

So durchbrechen Sie das »Muster« des Publikums

Die Menschen werden von Ihnen erwarten, dass Sie die Tagesordnung festlegen und zu Beginn ein paar höfliche Worte sagen. Wenn Sie diese Erwartungen einfach erfüllen, werden die Anwesenden denken, Sie seien genau wie all die anderen Referenten, die sie schon gehört haben. Sie werden es sich gemütlich machen, so wie sie es immer tun, sich geistig entspannen oder gar ein dezentes kleines Nickerchen machen – ausgerechnet dann, wenn Sie angeregte Zuhörer brauchen. Sie sollten also nicht nur die Tagesordnung festlegen, sondern sich auch darum bemühen, Aufmerksamkeit zu erregen. Dazu haben Sie im Wesentlichen zwei Möglichkeiten:

- Sie können sich abheben, indem Sie etwas sagen, das ein klein wenig unverschämt oder umstritten ist; versprechen, dass etwas Besonderes passieren wird; ein seltsames Requisit oder visuelles Hilfsmittel verwenden, das Neugier weckt. Im Grunde können Sie alles tun, was Ihr Publikum zu dem Gedanken veranlasst: »Also, damit hatte ich nicht gerechnet. Vielleicht lohnt es sich ja zuzuhören.«

- Sie können das Publikum einbeziehen, indem Sie zum Beispiel eine Frage stellen und um Handzeichen dazu bitten. Diese Möglichkeit eignet sich meist sehr gut, um schnell und direkt Kontakt zu den Zuhörern herzustellen, da Sie aktiv um Informationen bitten. Auf diese Weise sorgen Sie für sofortige Personalisierung und können die Ergebnisse zum Ausgangspunkt Ihrer Rede machen.

Meiden Sie gefährliches Terrain

Beide Ansätze können natürlich nicht nur hilfreich sein, sie können Referenten auch auf gefährliches Terrain locken. Wenn Sie sich dafür entscheiden, Dinge zu sagen oder zu tun, die sich ein wenig abheben, wollen Sie Ihr Publikum mit dieser Taktik bewusst wachrütteln. Trotzdem sollte sie zum übergreifenden Thema Ihres Vortrags passen. Falls die Taktik aufgesetzt wirkt, wird sie das, was Sie in einem entscheidenden Augenblick sagen, wahrscheinlich unterminieren oder gar banalisieren.

Mir ist die Geschichte eines Referenten zu Ohren gekommen, der bei einer Konferenz von Finanzdienstleistern mit einem Kohlkopf auf die Bühne kam. Sofort hatte er die Neugier aller geweckt. Dann fuhr er ganz normal fort, ohne das Gemüse zu erwähnen. Alle dachten, er würde auf einen wichtigen Punkt hinarbeiten, bei dem der Kohlkopf eine Rolle spielte. Als er geendet hatte, ohne sein Requisit auch nur zu erwähnen, und das Publikum die Gelegenheit hatte, Fragen zu stellen, lautete eine der ersten: »Was hat es mit dem Kohlkopf auf sich?« – »Welcher Kohlkopf?«, erwiderte der Referent und sorgte damit für einen großen Lacher. Ich fragte den Freund, der mir die Geschichte erzählt hatte, nach dem Thema des Vortrags. »Keine Ahnung«, sagte er. »Kann mich nicht mehr daran erinnern.« Obwohl es dem Referenten zweifellos gelungen war, die Aufmerksamkeit auf sich zu ziehen, wurde sein Blickfang schnell zur Ablenkung und erwies sich letzten Endes als Requisit ohne Bedeutung. Der Beweis für sein Scheitern war, dass sich mein Freund weder an seinen Namen noch an sein Thema, geschweige denn seine Botschaft erinnern konnte.

Fragen ans Publikum

Der interaktive Einstieg kann sogar noch mehr Probleme bereiten. Wenn Sie nicht die richtige Frage stellen, kann sie eher gegen als für Sie arbeiten. Ich habe einmal die Vorführung eines
kalifornischen Zauberkünstlers vor einem Familienpublikum
bei der Galavorstellung der *International Magic Convention* in
London gesehen. Er stellte als Auftakt zu einem Entfesselungs-
trick die Frage:»Es gibt einen Zauberkünstler, den jeder kennt.
Sein Vorname ist Harry. Wie lautet sein Nachname?« Als er eine
Zwangsjacke schwenkend auf die Antwort aus dem Publikum
wartete, rief vorne ein kleiner Junge:»Potter.« Nicht der beste
Einstieg in eine Hommage an Houdini.

Auf einem Seminar erlebte ich, wie ein Referent seinen Vortrag mit der Frage eröffnete:»Wer fährt gern Ski?« Niemand
hob die Hand und die ersten sechs Bilder rund ums Skifahren
kamen nicht besonders gut an. Der Mann hatte Pech gehabt –
aber nicht so viel wie die Produktgruppenleiterin, deren Vortrag
ich bei einer Konferenz auf einem Schiff sah. Sie bat die Anwesenden zu Beginn um die Namen von Marken, die sie mochten.
»Apple, Sony, Virgin und so weiter«, bekam sie zur Antwort.
»Gut, und nun nennen Sie mir bitte ein paar Marken, die Sie
nicht mögen.« – »Ihre«, erwiderte ein Mann im hinteren Teil
des Publikums und erzählte eine Schauergeschichte, die er ausgerechnet mit dem Unternehmen erlebt hatte, für das die Frau
tätig war. Was ursprünglich dazu gedacht war, ihr einen guten
Start zu verschaffen, hatte genau das Gegenteil bewirkt, und sie
war danach stark in der Defensive.

Wie macht man es richtig? Und diesen Teil sollten Sie unbedingt richtig machen – denken Sie an Regel 13: *Anfang und Ende*

bleiben in Erinnerung. Schließlich wollen Sie Ihr Publikum mit der Strategie, mit der Sie es eigentlich binden möchten, nicht gleich zu Beginn vor den Kopf stoßen.

Falls Sie Fragen ins Publikum werfen möchten, sollten Sie zunächst einfach um Handzeichen bitten. Kaum einer fühlt sich bedrängt, wenn er lediglich die Hand heben muss, deshalb besteht auch nicht die Gefahr, dass keiner mitmacht. Stellen Sie anschließend möglichst »narrensichere« Fragen, bei denen Sie so gut wie sicher wissen, wie die Antwort lauten wird, und nur die Dimension noch offen ist.

Im Idealfall sollte Ihre Frage es Ihnen erlauben, mit jeder möglichen Antwort zu arbeiten, das heißt:

- Wenn sie korrekt beantwortet wird, sagen Sie: »Da haben Sie vollkommen recht! Die meisten Menschen denken allerdings …« (der Betreffende fühlt sich gut).
- Wenn Sie nicht korrekt beantwortet wird, sagen Sie: »Das denken die meisten Menschen. Die richtige Antwort aber lautet …« (der Betreffende fühlt sich nicht schlecht und ist neugierig geworden).

Wollte ich zum Beispiel darüber sprechen, wie man vor einem öffentlichen Auftritt seine Nervosität in den Griff bekommt, könnte ich fragen: »Wer von Ihnen wird nervös, wenn er vor Publikum sprechen muss?«

- Ich könnte berechtigterweise davon ausgehen, dass ein großer Teil der Anwesenden die Hand heben wird – vor allem, wenn ich ihnen vorher versichert habe, dass ich zu diesem Zeitpunkt nicht von ihnen verlangen werde zu sprechen. Daraufhin könnte ich sagen, dass sie sich keine Sorgen machen müssen, die meisten Menschen seien aufgeregt, auch Tony Blair sei immer noch nervös, und dass ich nun darüber sprechen würde, wie sich diese Nervosität minimieren lässt.

- Falls überraschenderweise kaum jemand die Hand hebt, könnte ich meine Verblüffung darüber zum Ausdruck bringen. Ich könnte sagen, wie glücklich sie sich schätzen können (sogar Tony Blair ...), und eine Diskussion zu dem Thema eröffnen, ob sie zu Beginn ihrer Karriere oder in bestimmten Situationen nervös waren und wie es ihnen gelungen ist, ihre Aufregung zu überwinden.

Ungewöhnliche Requisiten

Achten Sie bei Requisiten darauf, dass der Zusammenhang zur Präsentation gewahrt bleibt, dass Sie – oder der jeweilige Referent – rundum zufrieden damit sind und souverän damit umgehen können. Nichts ist schlimmer als Requisiten, die halbherzig verwendet werden, weil sie dem Referenten nicht behagen, da sie möglicherweise nicht seinem persönlichen Stil entsprechen. Wenn Sie also einen Gegenstand gefunden haben, der Ihnen hilft, ein wichtiges Argument unverwechselbar und einprägsam vorzubringen, seien Sie frech und plakativ. Überlegen und üben Sie vorher, wie Sie ihn auf die Bühne und ins Spiel bringen, ihn verwenden und wieder loswerden möchten, um die Aufmerksamkeit zur eigenen Person zurückzuholen.

Die Geschichte vom Kohlkopf war mir noch präsent, als ich von einem Branchenverband gebeten wurde, eine kurze Präsentation über einen Wettbewerb zu halten, bei dem ich einer der Juroren war. Dass ich einen Vortrag halten sollte, den ich nicht selbst konzipiert und verfasst hatte, verhieß nichts Gutes. Darüber hinaus ging es um das eher trockene Thema, was die Bewerber um die Auszeichnung zu tun und zu lassen hatten. Der Auftritt würde meinem Ruf, kreative und effektvolle Präsentationen zu erstellen und zu halten, nicht gerade zuträglich sein. Aus diesem Grund bat ich die Organisatorin, einen wichtigen Punkt herauszugreifen, der wirklich ankommen sollte. Sie entschied sich für die dringende Bitte an die Bewerber, keine dicken Pressemappen einzureichen, da die Juroren nicht die Zeit hatten, sie zu lesen, und sie zudem groß und sperrig im Transport und in der Aufbewahrung waren.

Als ich aufstand, um meine Rede zu halten, stellte ich eine Küchenwaage vor mich hin. Damit durchbrach ich das Muster des Publikums, das davon ausgegangen war, dass ich zu einer Reihe von PowerPoint-Folien sprechen würde. Ich trug den Großteil der Informationen ohne Schnörkel vor, fasste mich so kurz wie möglich und arbeitete mit der folgenden Ankündigung auf meinen großen Punkt hin: »Endlich verfügen wir über ein Spezialwerkzeug, um den Umfang der Medienberichterstattung zu ermitteln.« Ich wusste, mein in der Öffentlichkeitsarbeit tätiges Publikum würde dies zu schätzen wissen. Viele von ihnen reagieren sehr empfindlich, wenn es um derartige Messverfahren geht, und fordern in zunehmendem Maße, dass nur die ausgefeiltesten Methoden zum Einsatz kommen. »Hier ist es«, sagte ich und rückte die Küchenwaage zurecht. Auf den Gesichtern breitete sich Entsetzen aus, als ich ein paar Dokumente wog, die wie Pressespiegel aussahen, und schließlich das größte und dickste ohne einen einzigen Blick auf den Inhalt zum Sieger kürte. »Das war natürlich nur ein Scherz«, sagte ich und bat die Anwesenden dann, sich dieses Zimmer an einem heißen Tag im August vorzustellen, vollgestopft mit Schachteln, die alle sorgfältig durchforstet werden müssten, um die Sieger zu ermitteln. Anschließend appellierte ich an sie, uns bei unserer Aufgabe zu unterstützen, indem sie gut lesbare Zusammenfassungen mit Hinweisen auf Zusatzmaterialien einreichten. Die Waage sorgte für Lacher in einer sonst eher trockenen Präsentation. Einige der Anwesenden sagten, mein Kniff hätte ihnen gefallen und sie würden eine sorgfältigere Auswahl ihrer Pressematerialien treffen. Und als die Zeit der Entscheidung kam, mussten wir uns durch nicht mehr ganz so viele dicke Wälzer quälen wie in den Jahren davor.

Witze – eine ernste Angelegenheit

An dieser Stelle sollten wir auch kurz auf die wenigen fehlgeleiteten Referenten eingehen, die immer noch überlegen, ob sie ihre Präsentation mit einem Witz beginnen sollen. Die Antwort ist ein kategorisches Nein. Dafür gibt es eine ganze Reihe von Gründen. Erstens ist das Witzeerzählen eine wahre Kunst. Es ist ein Talent, das man mit umfangreichen Erfahrungen ausbauen und fördern muss. Zweitens wird in unserer Zeit der politischen Korrektheit der Grat zwischen lustigen und beleidigenden Witzen immer schmaler, was davon abhängt, wie Ihr Publikum zusammengesetzt ist und in welchen Kulturkreisen Sie arbeiten. Die ganze Sache hat auch noch einen psychologischen Aspekt, den Richard Wiseman, Mitglied der Zauberervereinigung *The Magic Circle* und Professor an der Universität von Hertfordshire in England, untersucht. Wiseman zufolge sind die Witze in den weihnachtlichen Knallbonbons deshalb durch die Bank so schlecht, weil sie schlecht sein *müssen*. Wie er weiter sagt, gibt es unabhängig davon, was für einen Witz man erzählt, immer jemanden, der nicht darüber lachen kann, und das spaltet die Anwesenden. Bei den furchbaren Witzen, die man in den Knallbonbons findet und die allen nur ein Stöhnen entlocken, sind dagegen »alle gegen den Witz«, was die Anwesenden verbindet.

Erfahrene Komiker wissen nur zu gut, dass Dinge, die unter bestimmten Umständen bei einem bestimmten Publikum funktionieren, nicht zwangsläufig übertragbar sind. Wir vom *Magic Circle* haben das große Glück, den begnadeten Stand-up-Comedian Noel Britten in unseren Reihen zu haben, der unter dem Motto »Bizarre Bath« auch Komikstadtführungen anbietet. Er verrät uns, mit welchen Strategien er und seine Komiker-Kollegen sich aus der Affäre ziehen, wenn bei einem Witz die Lacher ausbleiben. Er erklärt, dass sie derartige Situationen dazu nutzen, das Publikum auszuloten und das folgende Programm so abzustimmen, dass sie die besten Chancen haben, die Zuhörer zurückzugewinnen. Nach seinen Erläuterungen sind wir in der Regel von Ehrfurcht erfüllt und fest entschlossen, die Komik den Komikern zu überlassen.

Kommen wir also gleich zum Kern der Sache: Stellen Sie sich vor, Sie hätten beschlossen, Ihre Präsentation mit einem Witz zu eröffnen. Sie tragen ihn vor und keiner lacht. Wie fühlen Sie sich, nachdem Ihr Vortrag den schlimmstmöglichen Anfang genommen hat? Wie werden Sie sich davon erholen und die eigentlichen Inhalte Ihrer Präsentation vermitteln?

Humor hat selbstverständlich seinen Platz. Man sollte sich aber nach Möglichkeit für Formulierungen entscheiden, die auch dann stehen bleiben können, wenn niemand lacht. Wenn ich zum Beispiel von Regel 5 und dem einen klaren Fokus spreche, erkläre ich, dass gute Zauberkünstler Kartentricks niemals mit ausgestreckten Armen vorführen (die Karten also niemals auf Schritthöhe halten), da dann die Aufmerksamkeit des Publikums zwischen Augen und Schritt hin- und herpendelt. Ich halte meine Karten auf Schritthöhe und sage: »Und dort wollen Sie die Aufmerksamkeit ganz bestimmt nicht haben!« Mit dieser Aussage ernte ich oft Gelächter oder zumindest ein Kichern. Wenn nicht, ist das auch in Ordnung – es musste so oder so gesagt werden. Ich komme dann einfach etwas schneller zum nächsten Punkt: »Viel besser ist es, die Aufmerksamkeit auf Ihr Gesicht zu lenken – so hat Ihr Publikum alles auf einmal im Blick, und Sie haben einen klaren Fokus geschaffen.« Wenn übrigens *tatsächlich* jemand lacht, hilft mir das, mein Publikum einzuschätzen, und ich kann sicher sein, dass ich später ein paar Lacher mit Sprüchen ernten werde, die ich weggelassen hätte, wenn die positive Reaktion an dieser Stelle ausgeblieben wäre.

Einführende Worte

Sobald Sie die Kunst des mitreißenden Einstiegs beherrschen, können Sie in Erwägung ziehen, ihn zu einem Prolog auszubauen – einem kurzen Abschnitt, mit dem Sie die Bühne für Ihre eigentliche Rede bereiten. Ich beginne meine Vorträge mit einem kleinen Zaubertrick, bei dem ich zum Beispiel eine Nummer aus einem Telefonbuch vorhersage. Dann sage ich: »Ich werde Ihnen jetzt nicht erklären, wie dieser Trick funktioniert. Ich möchte vielmehr darauf aufmerksam machen, dass wir heute darüber sprechen werden, wie sich die Regeln der Zauberkunst auf die Unternehmenskommunikation übertragen lassen.«

Damit erreiche ich mehrere Dinge: Das Publikum ist sofort
gebannt, unterhalten und – hoffentlich – beeindruckt. Der Trick
dient als Beweis für meine Zauberkenntnisse und offenbart
(Regel 19), dass ich in diesem Bereich über gewisse Fähigkeiten verfüge. Ebenso wichtig ist, dass er dem Publikum die
Gelegenheit gibt, sich auf mich einzustellen und mich eingehend zu mustern. Erste Eindrücke können sich setzen. So sind
meine Zuschauer bestens darauf vorbereitet, meine Worte auch
aufzunehmen, wenn ich zu den wirklich wichtigen Dingen
komme.

3.4 Wie Sie Aufmerksamkeit erhalten

Michael Vincent ist Mitglied des *Inner Magic Circle* und einer
der besten Kartenmagier der Welt. Wird ein Kartenkünstler ge-
braucht, ist er die erste Anlaufstelle für Agenten, Vortragsveran-
stalter, Fernsehproduzenten und die Anbieter von Zaubertricks.
Engagieren Sie Ihn dagegen zu Ihrer Unterhaltung, wechseln
sich seine genialen Kartentricks mit Becher- und Münztricks ab.
Alltagsgegenstände verschwinden und kommen auf schier un-
mögliche Weise wieder zum Vorschein. Geldscheine wechseln
ihren Wert. Zusammengehalten wird das Ganze von bezaubernden Geschichten. Denn unabhängig davon, wie genial Michael mit Karten umgehen kann, weiß er aus langjähriger Erfahrung auch, dass es einer gewissen Abwechslung bedarf, um die
Aufmerskamkeit des Publikums zu erhalten.

Sobald die Aufmerksamkeit geweckt ist, müssen Sie sie erhalten,
indem Sie die Konzentrationsphasen verkürzen – mit Bewe-

gung, Veränderung und damit, dass Sie Ihren Vortrag in kleine Häppchen aufteilen, sodass immer ein Ende in Sicht ist.

Regel 11 – Abwechslung verkürzt die Konzentrationsphasen und erhält so die Aufmerksamkeit.

Zauberkünstler bemühen sich um Bewegung, Veränderung und eine klare Gliederung, aber diese Prinzipien finden sich auch in weniger ausgefallenen Bereichen. In den letzten Jahren ist der wunderbare Krimiautor Peter James zu einem guten Freund geworden. Seine Bestseller wie *Stirb ewig* und *Du sollst nicht sterben* haben meist um die 125 Kapitel, und wenn ich lese, entsteht ein großartiges Gefühl von Tempo. Ich schließe ein Kapitel nach dem anderen ab, und obwohl damit auch immer ein neues anfängt, habe ich das Gefühl, enorme Fortschritte zu machen. In Nachrichtensendungen dauert es ebenfalls nie sehr lange, bis etwas Neues kommt, zum Beispiel: »Und nun zu unserem politischen Korrespondenten in der Downing Street.« Dieser Journalist könnte seine Arbeit meist ebenso gut – wenn nicht sogar besser – machen, wenn er neben dem Sprecher im Studio säße, aber die Bewegung, die Veränderung und die damit verbundene Anpassung an die unterschiedlichen Stimmen tragen allesamt dazu bei, uns bei der Stange zu halten.

Die Macht der Drei

Bei der Gliederung Ihres Inhalts können Sie von der »Macht der Drei« profitieren. Das Leben wird von Dreiergruppen beherrscht – es gibt drei Bären, drei Wünsche und die Heilige Dreifaltigkeit. Denken Sie nur an große Worte wie diese aus Abraham

Lincolns Gettysburg-Rede vom 19. November 1863: »... die Herrschaft des Volkes, durch das Volk und für das Volk ...«

Dreiergruppen haben einen besonderen Rhythmus, sodass wir, wenn eine Information aus zwei Teilen besteht, automatisch auf den dritten warten. Informationen, die aus vier Punkten bestehen, wirken dagegen überladen. Bei meinen Recherchen zu diesem Prinzip wurde mir klar, dass dies auch der Grund war, weshalb wir damals, als wir noch politisch unkorrekte Witze über den Engländer, den Iren und den Schotten erzählten, den Waliser einfach wegließen. Wenn wir gesagt hätten: »Es waren einmal ein Engländer, ein Ire, ein Schotte und ein Waliser«, wäre der entscheidende Rhythmus verloren gegangen und es hätte sich angefühlt, als seien dies zu viele Informationen.

Aus diesem Grund sollten Sie Ihren Inhalt in Dreiergruppen – falls nötig auch in Sechser- oder Neunergruppen – aufteilen. Er wird bedeutend besser fließen und eine entsprechende Wirkung erzielen. Wie man weiß, schätzt Präsident Barack Obama die Reden von Präsident John F. Kennedy, die häufig von Ted Sorensen verfasst wurden, der fest an die Macht der Drei glaubte. Die Amtsantrittsrede Obamas enthielt unter anderem die folgenden Sätze:

Ich stehe heute hier, demütig angesichts der Aufgabe, die vor uns liegt, dankbar für das Vertrauen, das Sie mir geschenkt haben, und der Opfer gedenkend, die unsere Vorfahren auf sich genommen haben.

Häuser gingen verloren, Arbeitsplätze wurden vernichtet, Unternehmen geschlossen.

Unsere Herausforderungen sind real. Sie sind ernsthaft, und es sind viele.

3.5 Wie Sie den Höhepunkt Ihres Vortrags gestalten, planen und umsetzen

Damit Magie entsteht, ist sehr viel mehr nötig als der »Tada!«-Moment oder Höhepunkt am Schluss. Trotzdem sollte er etwas ganz Besonderes sein, da er entscheidend zum Erfolg jedes Zaubertricks beiträgt und sich das Publikum später daran erinnern und darüber sprechen wird.

Da *Anfang und Ende in Erinnerung bleiben* (Regel 13), müssen Sie Ihren Höhepunkt sorgfältig planen – und wenn Sie etwas erreichen möchten, muss es tatsächlich ein Höhepunkt, nicht nur ein Abschluss sein. Natürlich wird der *Vortrag* wesentlich dazu beitragen, einen effektiven Höhepunkt zu garantieren. Sie müssen dafür aber bereits im Stadium des *Präsentationsaufbaus* drei Vorkehrungen treffen:

1. **Kündigen Sie das Ende Ihres Vortrags an** – verwenden Sie dazu einfache Worte wie »Während ich zum Ende komme ...«. Damit werden Sie Ihr Publikum wachrütteln oder die Aufmerksamkeit zumindest in einem entscheidenden Augenblick noch einmal neu bündeln.
2. **Destillieren Sie Ihre Kernbotschaften** und schließen Sie auch eine Aufforderung zum Handeln ein – sagen Sie den Zuhörern, was sie nach Ihrer Präsentation den-

ken oder tun sollen. Lesen Sie dazu auch den Abschnitt *Techniken der Nachrichtendestillation* im Anhang.

3. **Geben Sie ein Applaussignal.** Achten Sie darauf, dass Ihr Vortrag ein klares Ende hat. Er sollte sich weder totlaufen noch sollten Sie irgendwann murmeln: »Das war's.« Sie müssen ein Applaussignal einbauen. Einen Hinweis, der keinen Zweifel daran lässt, dass Ihr Vortrag zu Ende ist. Im Idealfall ist dieses Signal selbsterklärend und wird dadurch unterstützt, dass Sie zum Ende hin immer lauter sprechen. Es kann sich aber auch um einen einfachen Satz handeln wie: »Meine Damen und Herren, ich *danke* für Ihre Aufmerksamkeit.« Natürlich werden Sie in beruflichen Situationen nur selten tatsächlich Beifall erwarten. Ein Applaussignal brauchen Sie trotzdem. Wenn man Sie fragt: »War das alles?«, haben Sie versagt. Darüber hinaus müssen Sie ein weiteres Element einplanen – den Frage-Antwort Teil, der im Rahmen Ihrer Präsentation vermutlich ebenfalls erwartet wird. Da dieser Teil bekanntermaßen und in mancher Hinsicht schwer zu kontrollieren ist, werde ich den Umgang damit und vor allem seine Platzierung in Kapitel 14.4 des *Vortrags*teils behandeln.

Die Kontrolle behalten

Wenn Sie den Höhepunkt Ihres Vortrags sorgfältig planen, ist die Wahrscheinlichkeit am größten, dass Sie die Kontrolle über einen der beiden wichtigsten Teile Ihrer Präsentation behalten (Regel 13 – *Anfang und Ende*). Da der Erfolg eines Zaubertricks oft von einem gelungenen »Tada!«-Moment abhängt, ist Zauberkünstlern besonders deutlich bewusst, dass sie die Kontrolle über den Höhepunkt ihrer Darbietung behalten müssen. Wenn er zum Beispiel darin besteht, dass eine Spielkarte aufgedeckt wird, werden Zauberkünstler diese Aufgabe nur ungern einem Freiwilligen überlassen. Es könnte sein, dass er lustlos nach der Karte greift, leise murmelt: »Ja, das ist die richtige«, und sie nicht ordentlich herumzeigt. Für einen guten Höhepunkt braucht man Energie, Begeisterung, die deutliche Zurschaustellung von Karte und Person als klaren Fokus sowie die Koordination von Stimmeinsatz und Enthüllung. Von einem nervösen Freiwilligen ist das etwas viel verlangt. Deshalb sollen einige Tricks, die ich Geschäftsleute im Rahmen des Trainings vorführen lasse, besonders deutlich zeigen, wie wichtig es ist, die Kontrolle über den Höhepunkt des eigenen Vortrags zu behalten. Ich muss zugeben, ich wünsche mir beinahe, dass sie es beim ersten Mal falsch machen. Dann können wir daran arbeiten und alle sehen, wie viel eindrucksvoller ein Höhepunkt sein kann, über den man die Kontrolle behält. Am Ende können wir zu den geschäftlichen Präsentationen der Teilnehmer zurückkehren und gemeinsam überlegen, wie sich die behandelten Prinzipien darauf übertragen lassen.

Der Höhepunkt mit einem besonderen Clou

Wenn Sie die Kunst, auf einen Höhepunkt hinzuarbeiten, gemeistert haben, können Sie überlegen, wie Sie ihn mit einem Trick noch weiter steigern können, den Zauberkünstler als »Clou« bezeichnen – das Publikum glaubt, das große Finale bereits erlebt zu haben, doch es kommt noch besser.

Beim Gedankenlesen könnte der typische Clou so aussehen, dass der Mentalist eine Vorhersage macht, sie aufschreibt und den Zettel in einen Umschlag steckt, der für jedermann sichtbar hingelegt und bis zum Höhepunkt nicht mehr angerührt wird. Er bittet um eine Auswahl scheinbar zufälliger Zahlen, addiert sie und bittet um Bestätigung. Dann öffnet er den Umschlag und zeigt, dass seine Vorhersage korrekt war. Der Clou kommt, wenn er nach einem kurzen Applaus einen Bindestrich nach jedem Zahlenpaar einfügt und sich herausstellt, dass die Summe dieser zufälligen Zahlen dem aktuellen Datum entspricht.

Die bereits in Kapitel 3.1 erwähnte Präsentation des MacBook Air von Steve Jobs hat ebenfalls einen hübschen Clou: Nachdem er seine Geschichte auf den Slogan »Das dünnste Notebook der Welt« aufgebaut hat, zeigt er mit der Darstellung einer schlichten, dünnen, länglichen Form die Höhe der Notebooks der TZ-Serie von Sony – der dünnsten Modelle, die zu diesem Zeitpunkt auf dem Markt sind. Anschließend legt er den Umriss des MacBook Air darüber, um die deutliche Verbesserung der Abmessungen zu zeigen. Er lässt diese Erkenntnis einsinken und wartet, bis der Applaus verklungen ist. Dann kommt der Clou: »Lassen Sie mich an dieser Stelle noch eines sagen. Die dickste Stelle des MacBook Air ist immer noch dünner als die dünnste Stelle der TZ-Serie.« Bei diesen Worten verändert sich die Grafik, um dies auch bildlich darzustellen.

Ich würde Ihnen raten, nicht allzu früh mit derartigen Knalleffekten herumzuspielen und sie nur dann einzusetzen, wenn sie sich von selbst ergeben. Der normale Höhepunkt sollte auch allein stark genug sein, den Vortrag zu krönen. Arbeiten Sie nur dann mit einem besonderen Clou, wenn Sie tatsächlich noch eins draufsetzen können.

Auf den Punkt gebracht

Verstehen Sie, was den menschlichen Geist stimuliert, arbeiten Sie innerhalb dieser Grenzen und nutzen Sie sie zu Ihrem Vorteil.

Kapitel 4

Wirkung

Die schriftliche Ausarbeitung Ihrer Präsentation; wie Sie für das Ohr, nicht für das Auge schreiben; Worte, die wirken; die Gefahren negativer Formulierungen; die Überarbeitung –»kill your darlings«; visuelle Hilfsmittel; wie Sie die Erinnerung lebendig halten

4.1   Die schriftliche Ausarbeitung

»Der Schlüssel zu großer Spontaneität ist eine sehr gute schriftliche Vorbereitung. Sie sorgt dafür, dass Sie an einem Tag, an dem Sie eine furchtbare Erkältung haben und sich schrecklich fühlen, auf die Bühne gehen und Ihre beste Show abliefern können. Und dass Sie an einem guten Tag hinausgehen, Ihre Show machen und noch hundert fabelhafte Spontaneinfälle haben, die Sie beim nächsten Mal in Ihr Programm aufnehmen und Ihrem Manuskript hinzufügen. Es geht nicht darum, jede Spontaneität zu töten, sondern darum, den bestmöglichen Rahmen zu schaffen, der Ihnen das Selbstvertrauen gibt, in neue Bereiche vorzudringen.«

Derren Brown

Ich zögere, diesen Abschnitt »schriftliche Ausarbeitung« zu nennen, da dieser Begriff oft Ängste weckt, die Referenten könnten einfach ein starres Manuskript wiedergeben – oder gar vorlesen –, sodass kein Platz für einen natürlichen Ansatz bleibt, der ihnen helfen würde, eine echte Verbindung zum Publikum herzustellen.

Es ist jedoch unerlässlich, dass Sie Ihre Worte mit einer gewissen Genauigkeit planen. Zum Teil deshalb, weil Sie feststellen werden, dass ein gänzlich spontaner Ansatz viele überflüssige Wörter enthält, deren Sie sich entledigen müssen, wenn Sie mit Ihrer Präsentation etwas bewirken möchten.

Ich werde oft von Freunden und Bekannten nach meiner Meinung zu einer Ansprache oder Präsentation gefragt, die sie gerade gehalten haben. Oft spüre ich, dass sie von sich enttäuscht sind, und sage ehrlich: »Du hast eigentlich gar nicht gewusst, was du sagen wolltest, stimmt's?« Ich bekomme dann meist eine Antwort wie: »Nein, ich hatte so viel zu tun, dass keine Zeit für einen Probedurchlauf war, und einen Teil hab ich im Zug geschrieben.« Wenn man nicht gerade enormes Glück hat, wird sich mangelnde Vorbereitung immer bemerkbar machen.

Wir werden im Abschnitt *Vorbereitung* noch auf die Probedurchläufe zu sprechen kommen, doch wenn es ein einfaches Geheimnis für erfolgreiche Präsentationen gibt, dann dieses: *Sie müssen wissen, was Sie sagen wollen.* Das sollte sich eigentlich von selbst verstehen, aber viele Menschen sind mit dem Text, den sie vortragen werden, einfach nicht ausreichend vertraut. Das liegt zum Teil daran, dass sie erstklassige Stand-up-Komiker wie Billy Connolly, Eddie Izzard und Robin Williams sehen, die einen weitschweifigen, umgangssprachlichen Stil haben und den Anschein erwecken, als fiele ihnen das, was sie sagen, ganz spontan ein. In Wirklichkeit werden sie, wenn sie sich den einen oder anderen von ihnen ein zweites, drittes oder viertes Mal ansehen, unweigerlich erhebliche inhaltliche Ähnlichkeiten feststellen – bis hin zu vermeintlichen Fehlern und Unterbrechungen. Falls diese Künstler wirklich bis zu einem gewissen Grad improvisieren, dann liegt das daran, dass sie a) Genies sind und b) mit einer klar definierten Struktur arbeiten. Und wenn sie eine Chance zur Improvisation erblicken, wissen sie, dass sie das Risiko eingehen können, von der geplanten Struktur abzuweichen, weil sie problemlos wieder hineinfinden. Bedenken Sie auch, dass erfahrene Komiker meist auf einen Vorrat an vermeintlich spontanen Einfällen zurückgreifen können und deshalb meist festeren Boden unter den Füßen haben, als Sie glauben. Bei Rednern aller Art sorgen die Planung und Vorbereitung, die in die Struktur fließen, für das Tempo, die Akzente und die dezenten Hinweise, die letztlich den Unterschied im Ergebnis ausmachen.

Die Gefahr für alle, die nur gelegentlich eine Präsentation halten, liegt darin, dass sie das nicht wissen, sich für ziemlich gute Witzeerzähler halten und sich sogar einreden, wenn sie aus dem Stegreif sprächen, wäre ihr Vortrag umso authentischer und aufrichtiger. Oder noch schlimmer, vielleicht lieben sie Herausforderungen und geben damit an, wie gut sie im Improvisieren sind. Ich wiederhole, wenn es ein einfaches Geheimnis für erfolgreiche Präsentationen gibt, dann lautet es: *Sie müssen wissen, was Sie sagen wollen.* Meist ist dies die Grundlage für den Erfolg im Hinblick auf Klarheit, Selbstvertrauen und den Vortrag im Allgemeinen. Der Umkehrschluss trifft sogar noch mehr zu.

Schließlich gibt es noch einen weiteren guten Grund, weshalb Sie Ihren Vortrag auf das Sorgfältigste planen sollten. Nur wenige Menschen wissen, wann und wie sie aufhören müssen. Mag sein, dass sie bereits bei dem Gedanken an ihren Vortrag von Nervosität geplagt werden, aber haben sie erst einmal angefangen zu sprechen, reden sie immer weiter, oft deutlich länger als nötig, und ihre gesamten Ausführungen verkommen zu Geschwätz, das nur recht abrupt zu einem Ende gebracht werden kann. Tatsächlich muss man den Schluss sorgfältig planen, und wie wir in Kapitel 3.5 gesehen haben, gehört er zu den beiden Aspekten, die dem Publikum gemäß Regel 13 (*Anfang und Ende*) am deutlichsten im Gedächtnis bleiben werden.

4.2 Fürs Ohr schreiben

Hier sind Zauberkünstler insofern im Vorteil, als sie in erster Linie fürs Ohr schreiben. Da sich ihre Vorführungen oft in Abständen von wenigen Minuten wiederholen, finden sie anhand der Zuschauerreaktionen zudem sehr schnell heraus, welche Worte wirken und welche nicht.

Sie sind sich deshalb der kleinen, aber feinen Unterschiede zwischen Gespräch und Präsentation bewusst. Sie entwickeln vor allem ein genaues Verständnis für die Vorzüge eines klaren und präzisen Ausdrucks.

Im Präsentationsmodus ist der Druck, sich klar auszudrücken, besonders groß. Anders als bei der Lektüre eines Buches oder in einer Unterhaltung haben Ihre Zuhörer so gut wie keine Möglichkeit, auf Dinge zurückzukommen, die sie nicht so recht verstanden haben. Sie sollten deshalb kurze, verständliche und leicht artikulierbare Wörter verwenden. Der Trick ist, beim Schreiben laut mitzusprechen. Auf diese Weise bekommen Sie

einen umgangssprachlichen und verständlichen Stil. Obwohl
E-Mail und Kurznachricht den Umgang mit dem geschriebenen
Wort verändert haben, neigen wir immer noch dazu, uns in
Formalität zu hüllen, wenn wir etwas zu Papier bringen. Wörter
wie »nachstehend« und »vorgenannt« schleichen sich ein. An
diesen Begriffen ist nichts auszusetzen. Da man sie im Allgemeinen aber nicht in einem Gespräch verwenden würde, werden sie in einer Präsentation gestelzt klingen.

Der legendäre Drehbuchschreiber Aaron Sorkin, Autor der
Fernsehserie *The West Wing – Im Zentrum der Macht*, ist ein
großer Befürworter der Methode, beim Schreiben laut mitzusprechen. Er sagt: »Mein Schreibprozess ist sehr körperlich. Ich
stehe auf und rede.« Dies mag erklären, weshalb es in seiner Serie *The West Wing – Im Zentrum der Macht* so viele Szenen gibt,
in denen sich die Hauptfiguren unterhalten, während sie den
Flur entlanggehen. Wenn Sie die Worte laut mitsprechen, hilft
Ihnen dies auch, potenzielle Zungenbrecher zu finden, die auf
dem Papier ganz harmlos aussehen, aber Versprecher provozie-
ren können, sobald sie laut artikuliert werden müssen. Ich habe
einmal zu einem sehr späten Zeitpunkt eine Präsentation um
speziell darauf zugeschnittenes Material ergänzt, ohne die Sätze
laut auszusprechen. Als ich dann das Wort »Inkongruenzen« sagen sollte, weigerte sich meine Zunge einfach, den Befehl meines Gehirns auszuführen. Ganz abgesehen davon, dass dieses
Wort ohnehin nichts in meinem Vortrag zu suchen hatte. Wann
bin ich das letzte Mal nach Hause gekommen und habe gesagt:
»Ich hatte einen echt schweren Tag, eine Inkongruenz nach der
anderen«? Ein anderes Mal versprach ich mich, als ich Christina
Aguileras Namen zum ersten Mal laut aussprach. Leider war ich
damals landesweit live im Radio zu hören.

Sprechen Sie beim Schreiben laut mit, das hat den zusätzlichen Vorteil, dass sich peinliche Versprecher leichter vermeiden lassen. Tatsache ist: Wenn Sie unter Druck stehen, arbeiten Hirn und Mund nicht immer so zusammen, wie Sie das erwarten würden, und es können sich minimale artikulatorische Abweichungen ergeben. Das Wort »Organismus« ist ein klassisches Beispiel, und während ich diese Zeilen schreibe, hat sich gerade einer der erfahrensten Moderatoren von BBC Radio 4 live auf Sendung versprochen, als er Minister Jeremy Hunt vorstellte. Wenn es Ihnen gelingt, ein schwieriges Wort zu ersetzen, entschärfen Sie eine potenzielle Bombe.

Ein letzter guter Grund für die Verwendung verständlicher und leicht artikulierbarer Wörter ist, dass Ihr unmittelbares Publikum in der Lage sein soll, Ihre Botschaften korrekt weiterzugeben. Mit dem fokussierten Ansatz einer einfachen Botschaft (EEB), eingebettet in einfache Sprache, sind Ihre Erfolgschancen am größten.

4.3 Worte, die wirken

Darwin Ortiz, ein gefeierter Experte auf dem Gebiet der Theorie der Zauberkunst, hat ein Sprichwort: »Das Publikum ist leicht zu verwirren, aber nicht leicht zu täuschen.« Die Menschen erkennen Unregelmäßigkeiten sofort, trotzdem gelingt es ihnen nicht, scheinbar einfache Anweisungen zu verstehen. Offenbar kann die Nervosität eines Zuschauers, der zum Helfen auf die Bühne gebeten wird, die Wahrscheinlichkeit der Verwirrung noch erhöhen.

Klarheit und Unmissverständlichkeit sind von allergrößter Bedeutung, wenn das Publikum verstehen soll, was vor sich geht, und der Freiwillige den Zauberkünstler dabei unterstützen soll, dass der Trick funktioniert.

Wenn Sie fürs Ohr schreiben, befreit Sie das von der Notwendigkeit grammatikalischer Perfektion. Beginnen Sie deshalb damit, dass Sie die wichtigsten Wörter an den Satzanfang stellen:

- Der Satzanfang ist der beste Platz für die wichtigsten Wörter.

  Geringere Kosten und eine größere Produktion – das brauchen wir. *Statt*:
  Wir brauchen geringere Kosten und eine größere Produktion.

  Der CO_2-Ausstoß ist in den letzten zehn Jahren um 15 Prozent gestiegen – so eine neue Studie von Greenstat International. *Statt*:
  Wie eine neue Studie von Greenstat International zeigt, ist der CO_2-Ausstoß in den letzten zehn Jahren um 15 Prozent gestiegen.

Verwenden Sie oft das Pronomen »Sie«. Es sorgt dafür, dass sich Ihre Zuhörer direkt angesprochen fühlen, und vermittelt ihnen den Eindruck, einbezogen, wichtig, ja sogar im Brennpunkt Ihrer Kommunikation zu sein.

Verwenden Sie aktive Verben wie »laufen«, »gehen«, »schieben«, »ziehen«. Sie helfen, Ihr Publikum zu beleben.

Auch Wörter, die Bilder malen, werden von den Menschen deutlich besser erfasst, da sie das, was Sie sagen, nicht nur hören, sondern auch »sehen« können. Bereits der Ausdruck »Wörter, die Bilder malen« beschwört Vorstellungen von Künstlern, Pinseln und Staffeleien herauf, während der Alternativbegriff »bildhafte Sprache« ironischerweise keine besonderen geistigen Bilder erzeugt. Ein gutes Beispiel dafür stammt von einem von mir geschulten PR-Referenten. Er hielt eine Präsentation über die Medienberichterstattung, die er mit einer Kampagne erzielt hatte, und illustrierte sie mit Folien verschiedener Zeitungsausschnitte. Der Höhepunkt sollte ein Artikel sein, der in der *Financial Times* erschienen war. Bevor er ihn zeigte, sagte er: »Der nächste Artikel ist eine echte Trophäe«, und verwandelte damit einen recht schmucklosen Zeitungsausschnitt in ein Bild, dem die Euphorie eines Fußballers anhaftete, der gerade die Weltmeisterschaft gewonnen hatte.

Zauberkünstler verwenden bildhafte Formulierungen, um eine größere Wirkung zu erzielen und die von Darwin Ortiz ausgemachte Publikumsverwirrung zu überwinden. Wenn Sie Menschen bitten, die Arme auszustrecken, werden Sie schnell feststellen, dass es überraschend viele Möglichkeiten gibt. Die wenigsten davon sind einem Zauberkünstler eine Hilfe, der gerade an einem wichtigen Punkt seines Tricks angelangt ist, selbst alle Hände voll hat und die Geste deshalb nicht demonstrieren kann. Malt er aber mit Worten ein Bild, zum Beispiel: »Bitte halten Sie die Hände auf«, erzielt er meist auf Anhieb die richtige Reaktion.

Starke Worte haben eine deutlich bessere Wirkung, weshalb man schwache Wörter durch ausdrucksvollere Alternativen ersetzen sollte. »Könnte«, »hoffentlich«, »vermuten« und »versuchen« sind Beispiele für schwache Begriffe und haben deshalb in einer Präsentation nichts zu suchen. Ein leitender Marketingangestellter, mit dem ich arbeitete, verkündete: »Ich versuche, neue Produkte zu entwickeln.« – »Was meinen Sie mit ›versuchen‹?«, fragte ich. »Ich will hören, dass Sie aktiv an der Entwicklung neuer Produkte arbeiten. In dem Wort ›versuchen‹ schwingt die Möglichkeit mit, dass Ihr Vorhaben auch scheitern könnte.« Den meisten Worten lässt sich mehr Kraft verleihen, wenn man sich im Planungsstadium ein paar Gedanken macht. Gibt es zum Beispiel »Probleme«, wäre es besser, sie als »Herausforderungen« zu bezeichnen. Alle lieben die Herausforderung, und wer sich ihr stellt, erntet Beifall dafür. Wenn etwas »machbar« ist, hätte »erreichbar« einen positiveren Klang. Betrachten Sie einen Satz wie »Ich vermute, dass wir unsere Ziele erreichen werden«, so werden Sie feststellen, wie viel stärker er klingt, wenn Sie eine kleine Änderung vornehmen: »Ich glaube, dass wir unsere Ziele erreichen werden.« Noch stärker wäre: »Ich bin mir sicher, dass wir unsere Ziele erreichen werden.«

Das Prinzip der »Stärke« gilt auch für Mengenangaben. Statt »wenigstens« sollten Sie zum Beispiel lieber »mehr als« oder »über« sagen. Dies wurde mir von ein paar Radiomoderatoren ziemlich deutlich vor Augen geführt, deren Sender ich beim Start unterstützte. Ein gutes halbes Jahr, bevor die Station auf Sendung ging, hatte ich mit der superstarken Sendeanlage geprahlt, die eine Leistung von einer halben Million Watt hatte. Einer der Moderatoren rief mich an und sagte, dass sie diese Senderleistung gern in Jingles erwähnen, aber nicht von »Halbheiten« sprechen wollten. Interessanterweise wollten auch sie Bilder in den Köpfen ihres Publikums erzeugen und fragten mich deshalb nach der Höhe der Sendeanlage. Schon bald hörten wir, wie Moderatoren mit dröhnender Stimme verkündeten:

»Sie hören Atlantic 252 – Wir senden mit 500 000 Watt aus doppelter Höhe des Eiffelturms.«

Ausdrucksstarke Worte sind einer der Punkte, in denen sich die Präsentation stilistisch vom einfachen Gespräch unterscheidet. Obwohl auch Präsentationen im Grunde umgangssprachlich sein sollten, sollte man das Niveau eine oder zwei Stufen anheben, um den Vortrag klarer, prägnanter und unmittelbarer zu machen, als dies in der reinen Unterhaltung im Wechselspiel mit einem Gegenüber erforderlich ist. Ich werde dieses Konzept im Anhang ausführlicher erklären.

Zu guter Letzt sollte man bedenken, dass die Kraft der einzelnen Wörter im Laufe der Zeit Schwankungen und Veränderungen unterworfen ist. Nur wenige Absätze weiter oben habe ich behauptet, das Wort »Herausforderung« sei stärker als »Problem«. Freunde aus dem Finanzsektor aber berichten, je tiefer wir in die Rezession rutschten, desto häufiger würden die Menschen ihre Probleme als »Herausforderungen« bezeichnen. Die Folge davon sei, dass sich das Wort allmählich zu einer Art Klischee entwickeln würde.

Bei manchen Menschen ist die Alliteration verpönt, aber sparsam verwendet kann sie effektiv und einprägsam sein. Als Stilmittel hat sie bereits den folgenden Personen gute Dienste geleistet und kann auch Ihnen von Nutzen sein.

Wir werden nicht scheitern und nicht schwanken –
Winston Churchill
Veni, vidi, vici – Julius Caesar
Lasst uns die Aufgabe in Angriff nehmen, das Land
zu lenken, das wir lieben … – John F. Kennedy
Wehe, wenn sie losgelassen, wachsend ohne
Widerstand – Friedrich Schiller

Wörter, die mit dem Buchstaben K beginnen, sind aus zwei Gründen erwähnenswert. Der wichtigste ist, dass wir die Behauptung einiger Komiker entmystifizieren müssen, Wörter, die mit K beginnen, seien komisch. Sie nennen Begriffe wie »Kimono« und »Kabeljau«, als seien sie ein Beweis dafür. In Wirklichkeit kann in den Händen – oder im Mund – eines geschickten Komikers fast jedes Wort komisch werden. Und seien wir doch mal ehrlich: Komiker wollen kontrollieren, an welchen Stellen das Publikum lacht. Sie wollen nicht, dass die Leute in unregelmäßigen Abständen in Gelächter ausbrechen, weil sie auf dem Weg zu ihrer Pointe zufällig ein paar Wörter verwenden, die mit K beginnen. Wie in den meisten Mythen steckt aber auch darin ein Körnchen Wahrheit. K-Wörter besitzen tatsächlich eine gewisse Kraft, da sie uns zum Lächeln zwingen. Probieren Sie es aus und spüren Sie selbst, was passiert. Dies führt bereits in den Bereich des *Vortrags* hinein, aber sollten Sie im Stadium des *Präsentationsaufbaus* Gelegenheit haben, ein paar K-Wörter einzubauen, dann lassen Sie sie fließen, denn ein Lächeln ist in der Stimme zu hören und belebt Ihren Vortrag.

4.4   Die Gefahren negativer Formulierungen

Zauberkünstler sind stets bemüht, sowohl körperlich als auch in den Köpfen ihrer Zuschauer einen klaren Fokus zu schaffen. Sind ihre Anweisungen nicht vollkommen klar, kann es leicht passieren, dass der freiwillige Helfer ihren Trick ruiniert. Negative Formulierungen wie »Bewegen Sie sich keinen Zentimeter« erzeugen mindestens zwei Schwerpunkte. Der Angesprochene muss zuerst an Bewegung, dann an ihre Verneinung denken und schließlich noch eine Maßeinheit berücksichtigen. Im Vergleich dazu kommt die Anweisung »Halten Sie vollkommen still« unmittelbar auf den Punkt.

Negative Formulierungen sind interessant, weil sie die Kommunikation genau genommen sogar erschweren – man muss sie erst entwirren, bevor man sie verstehen kann. Stellen Sie sich vor, Sie würden ein kleines Kind bitten, ein großes Getränketablett zu tragen. Wahrscheinlich würden Sie sagen: »Lass es nicht fallen.« Nun könnte es sein, dass es das Tablett tatsächlich fallen lässt, da sein Gehirn die Information wie folgt aufnimmt: Zuerst das Grundkonzept des Fallenlassens, dann die Verneinung – aber da dürfte es wohl schon zu spät sein. Da die Betonung auf dem Fallenlassen liegt, wird es auch so kommen. Es ist, als würde man sagen: »Denk nicht an einen grauen Elefanten«, was es unmöglich macht, den Gedanken an einen grauen Elefanten zu vermeiden.

Doppelte Verneinungen sind noch verwirrender, vor allem in bestimmten Teilen der Welt wie zum Beispiel China. Für die Verwendung der folgenden mehrfachen Verneinung wurde Londons Bürgermeister Boris Johnson mit dem Negativpreis der *Plain English Campaign* ausgezeichnet:

»Ich könnte Ihnen nicht weniger widersprechen.«

Ich *denke*, dass er damit seine Zustimmung zum Ausdruck bringen wollte. Man muss den Satz allerdings erst gründlich entwirren, bevor sich seine tatsächliche Bedeutung erschließt.

Johnson gibt uns aber auch einen Hinweis auf die Ursprünge dieses speziellen Problems, da er als Eton-Absolvent ein typischer Vertreter der oberen Mittelschicht Großbritanniens ist, die es einfach nicht über sich bringt zu sagen, was sie wirklich meint. Verklemmte Engländer geben Sätze von sich wie »Ich habe gestern Abend nicht wenig Zeit mit einigen nicht unattraktiven Damen verbracht«, als ob es unhöflich wäre, sich präziser auszudrücken. So manche Kultur neigt dazu, bei bestimmten Themen um den heißen Brei herumzureden. Ich vermute aber, dass überflüssige Verneinungen in erster Linie auf altmodische britische Zurückhaltung zurückzuführen sind.

Negative Formulierungen lassen sich dadurch beseitigen, dass man sie in positive Konstruktionen überführt, soweit es eben möglich ist. Dadurch werden sie umso wirkungsvoller, da wir sowohl in positiven Begriffen als auch in Bildern denken:

»Lass es (das Getränketablett) nicht fallen.«
- »Halt es gut fest.«
  Die zweite Anweisung gibt Ihnen tatsächlich eine gewisse Möglichkeit, etwas zu *tun*. Bei der ersten bleibt Ihnen nichts anders übrig, als negativ zu denken.

Keine Scheckannahme ohne Scheckkarte.
- Bei Vorlage der Scheckkarte sind wir gern bereit, Schecks zu akzeptieren.

Besichtigung nur nach Vereinbarung.
- Nähere Informationen zu dieser aufregenden Besichtigungsmöglichkeit unter …

Ausnahmen

Natürlich hat auch die Regel, dass negative Formulierungen zu vermeiden sind, ihre Ausnahmen.

- Erstens lässt sich die Antithese in manchen Situationen erfolgreich einsetzen, um eine bestimmte Denkweise umzukehren, wie zum Beispiel in John F. Kennedys Satz »Fragt nicht, was euer Land für euch tun wird – fragt, was ihr für euer Land tun könnt«.
- Zweitens können Sie negative Formulierungen zuweilen dazu verwenden, jemandem auf objektive und glaubhafte Weise eine Idee zu suggerieren, zum Beispiel: »Kaufen Sie es nicht, wenn Sie nicht absolut überzeugt sind …«
- Drittens lässt sich mit einer Verneinung manchmal am einfachsten ausdrücken, was Sie meinen. Wenn Sie noch einmal zum Beginn dieses Abschnitts zurückblättern, werden Sie feststellen, dass meine Erklärung eine schwache Verneinung enthält – das Wörtchen »entwirren«. Der Grund dafür ist, dass ich damit am einfachsten ausdrücken konnte, was ich meinte. Manche Verneinungen sind inzwischen so fest in unserer Sprache verankert, dass ihre negative Bedeutung weitgehend in Vergessenheit geraten ist und sie inzwischen die bevorzugte Variante sind. Das Wörtchen »unvergesslich« dürfte zweifellos mehr Kraft haben als »denkwürdig«, obwohl es zum größten Teil aus dem besteht, was wir eigentlich vermeiden möchten.

Aber für das beste Beispiel, warum negative Formulierungen zu vermeiden sind, müssen wir noch einmal die Schulbank drücken. Das beste Beispiel ist es deshalb, weil ich seine Wirkung unmittelbar miterleben konnte. Als mein Sohn sein Zwischenzeugnis bekam, schloss es mit der folgenden Beurteilung:

> Er bemüht sich nach Kräften, effizient und ordentlich zu arbeiten – nicht ohne Erfolg.

Das Zeugnis war durchweg positiv, aber mein Junge war in Tränen aufgelöst. Er hatte »nicht« und »ohne Erfolg« gelesen, und sein kleines, elf Jahre altes Gehirn hatte nicht innegehalten, um den Inhalt zu entwirren, oder war nicht dazu in der Lage gewesen. In Wirklichkeit hatte der Lehrer natürlich *mit Erfolg* gemeint.

4.5   Die Überarbeitung

Bei ihren Bemühungen, die Aufmerksamkeit genau dorthin zu lenken, wo sie sie haben möchten, verfahren Spitzenzauberkünstler nach dem Motto »Was nicht hilft, schadet«. Aus diesem Grund reduzieren sie ihre Vorführung gnadenlos auf das Allernötigste.

Nachdem Sie so lange an Ihrem Text gefeilt haben, dass er der Perfektion nahe zu sein scheint, müssen Sie sich nun der qualvollen Aussicht stellen, einen gewissen – wenn nicht sogar einen großen – Teil davon zu streichen.

Echte Klarheit erzielen Sie nur, wenn Sie alles weglassen, was Ihr Argument nicht aktiv unterstützt. Da sich bei Zauberkünstlern alles darum dreht, die Aufmerksamkeit genau dorthin zu lenken, wo sie sie haben möchten – meist, um die Wirkung des großen Finales zu maximieren –, sind sie sich dieses Prinzips bestens bewusst.

Dies ist schwierig, da der Inhalt, der möglicherweise gestrichen werden muss, nicht nur sehr persönlich, sondern manchmal auch sehr sorgfältig formuliert ist. Kein Wunder, dass Filmemacher dafür den Ausdruck »kill your darlings« verwenden. Da haben sie sich die Mühe gemacht, den Dialog zu schreiben, eine Kulisse zu bauen, zu spielen und zu drehen, und dann landet ihre kostbare Schöpfung auf dem Boden des Schneideraums. Es ist sehr lehrreich, wenn man sich die gestrichenen Szenen ansieht, die zum Bonusmaterial einer DVD gehören. Die DVD-Ausgaben von Fernsehserien sind besonders gut geeignet, da die Inhalte in einen speziellen zeitlichen Rahmen passen und Werbepausen eingebaut werden müssen. Sehen Sie sich die herausgeschnittenen Szenen an, schalten Sie den Kommentar des Regisseurs zu und Sie werden Sätze hören wie »Dieser Dialog ist wunderschön und die beiden Hauptdarsteller bringen ihn sehr gut rüber, aber er hat die Geschichte nicht weitergebracht, und deshalb musste er raus«. In diesen Worten verbirgt sich eine nützliche Botschaft. Wenn Sie sich bei bestimmten Inhalten nicht sicher sind, sollten Sie sich fragen: Bringt es die Geschichte weiter?

Denken Sie daran, dass wir automatisch dazu neigen, unsere Rede mit unnötigen und überflüssigen Wörtern aufzublähen. Im zwanglosen Gespräch ist dies hinnehmbar, da es uns Zeit zum Nachdenken verschafft, bei einer Präsentation wirkt es jedoch schnell störend. Dies ist einer der Gründe, weshalb Sie sich gut vorbereiten und verstehen müssen, dass Sie aus dem Stegreif niemals einen richtig guten Vortrag halten werden. Machen Sie es sich zur Gewohnheit, Menschen in formellen oder halbformellen Situationen sprechen zu hören. Überlegen Sie, ob man die Rede durch großzügige Streichungen und den Austausch einiger Sätze durch einfachere und klarere Alternativen hätte straffen können. Erinnern Sie sich auch daran, wie wichtig ein klarer Fokus ist, und vergessen Sie nicht, dass einige der unvergesslichsten und unvergänglichsten Texte überraschend kurz sind. Das Vaterunser besteht aus nur 49 Wörtern, die Zehn Gebote belaufen sich auf 296 Wörter und Abraham Lincolns Gettysburg-Rede war mit 271 Wörtern erledigt.

Ein letzter Überarbeitungsschritt, damit Sie die richtigen Vorstellungen wecken

Nachdem Sie zuvor geprüft haben, welche Vorstellungen und Assoziationen Sie wecken, müssen Sie im letzten Schritt der Überarbeitung alles in Ihrer Macht Stehende zu tun, um sicherzustellen, dass Sie nicht versehentlich unpassende oder wenig hilfreiche Gedanken hervorrufen. Ich möchte Ihnen ein Beispiel dafür geben. In meinen Seminaren habe ich früher eine Fernsehsendung erwähnt und gesagt: »Auf Channel 4 gab es nur eine einzige Sendung, zu der noch mehr Beschwerden kamen.« Damit wollte ich hervorheben, dass sich sehr viele Menschen über diese Sendung beschwert haben. Ich wollte Vorstellungen von wütenden Zuschauern, überlasteten Telefonzentralen und scharfem Tadel wecken. Tatsächlich brachte diese Formulierung mein Publikum auf einen ganz anderen Gedanken: Die Leute wollten wissen, zu welcher Sendung am *meisten* Beschwerden eingegangen waren. Noch schlimmer aber war, dass die Teilnehmer anfingen zu diskutieren und ein Beispiel, das meine Ausführungen stützen sollte, sie in großem Stil untergrub. Sie müssen also absolut sicher sein, dass Sie die richtigen »Dateien« in den Köpfen Ihrer Zuhörer öffnen. Hüten Sie sich davor, sie auf falsche Fährten zu locken.

4.6 Visuelle Hilfsmittel

Als Meister der Aufmerksamkeitslenkung sind Zauberkünstler besonders sensibel für die Macht von Farben, eindrucksvollen Mustern und allem, was hilft, den Blick einzufangen. Sie wissen, wann sie visuelle Hilfsmittel zu ihrem Vorteil einsetzen, aber auch, wann sie sich damit zurückhalten sollten, damit nichts ablenken kann. In den letzten Jahren rückt in der Zauberkunst zunehmend ein Weniger-ist-mehr-Ansatz in den Vordergrund. In manchen Situationen – zum Beispiel bei der Straßen- und der Tischzauberei – können auffallende Requisiten stören und die Kraft des Künstlers schmälern.

In der Einführung zum Thema PowerPoint in Kapitel 2.6 habe ich Statistiken erwähnt, die darauf schließen lassen, dass optische Inhalte erhebliche Vorteile haben, wenn es um die Vermittlung und den Erinnerungswert von Informationen geht. Die Menschen denken in positiven Begriffen und Bildern. Wenn Sie ihnen etwas mitteilen, müssen Sie es also zuerst in ein geistiges Bild umwandeln. Diesen Prozess können Sie verkürzen, indem Sie gleich ein Bild zeigen.

Gelegentlich werde ich gefragt: »Wenn die visuelle Wahrnehmung für die Aufnahme und Wiedergabe von Informationen so
wichtig ist, sollte man dann nicht lieber gleich mit Bildern statt
mit Worten arbeiten?« Die schnelle Antwort lautet, dass Sie sich
der Technik bedienen sollten, die Ihre Botschaft am besten
übermittelt.

Die praktische Antwort lautet, dass Sie den Inhalt Ihrer Präsentation zunächst in Worte fassen und sich anschließend fragen sollten:

- Lassen meine Worte optische Fragen offen? Ich höre
  häufig die überschwänglichen Schilderungen von Referenten, wie wunderschön irgendetwas sei. Nun, in einem solchen Fall sollten sie uns ein Bild zeigen, und wir
  kämen sehr viel schneller zu diesem Schluss (Regel 19)
  als durch ihre langatmigen Beschreibungen. Andere Referenten setzen zu Ortsbeschreibungen an und verhed-
  dern sich. Mit einer einfachen Karte ließe sich diese Information sehr viel schneller und effektiver vermitteln.
- Bedürfen meine Worte einer Verdeutlichung? Stellen
  Sie sich vor, Sie würden Ihren Zuhörern empfehlen, mit
  verschiedenen Fernsehstars zu arbeiten. Wenn Sie lediglich die Namen dieser Personen nennen und eventuell noch ihren Charakter beschreiben, bekommt der
  eine oder andere Zuhörer möglicherweise nur eine
  vage Vorstellung von ihnen oder verwechselt sie vielleicht sogar. Bilder lassen keinen Raum für Unklarheiten und lockern außerdem die Folie auf.
- Kann ich Bilder verwenden, um schnell und effektiv
  eine Vielzahl von Details zu vermitteln? Das klassische

Beispiel dafür ist ein Unternehmen, das eine Liste seiner Kunden zeigen möchte. Bei einem großen Kundenstamm kann die Lektüre sehr viel Zeit in Anspruch nehmen. Folien mit Auflistungen sind zudem langweilig und wortlastig. Wenn Sie die Seite dagegen mit Firmenlogos füllen, wirkt sie gleich viel freundlicher und die Aufmerksamkeit Ihres Publikums wird von den Schriftzügen angezogen, die ihnen am meisten sagen und die sie am attraktivsten finden. Ein kluger Referent wird nur einige Logos besonders hervorheben und dabei im Idealfall auf das vom Publikum gezeigte Interesse eingehen, während das ganze Spektrum und die volle Anzahl von Kunden sichtbar bleiben.

• Wenn Sie einen Vergleich oder eine Metapher verwenden, wollen Sie damit lebendigere Bilder in den Köpfen Ihrer Zuhörer erzeugen. Überlegen Sie deshalb, wie Sie die Wirkung noch verstärken können, indem Sie diese Vergleiche und Metaphern illustrieren und vielleicht sogar dafür sorgen, dass dabei nach und nach ein Motiv entsteht. Wenn ich meinen Klienten die sieben PowerPoint-Todsünden nahebringe, arbeite ich mit dem Thema Engel und Teufel. Dies betont die krassen Unterschiede zwischen guten und schlechten Gepflogenheiten und ermöglicht es mir, die Bilder so anzuordnen, dass am Ende das »Gute« über das »Böse« triumphiert.

• Kann ich meine Präsentation mit Anschauungsmaterial auflockern? Der Trick besteht darin, Schwung in die Sache zu bringen, ohne das Publikum ungewollt abzulenken. Sie sollten aber auch nicht allzu buchstabengetreu an die Sache herangehen oder Illustrationen nur um ihrer selbst willen verwenden. Manchmal lassen sich die Sinne besser mit Worten ansprechen, die Bilder malen (siehe Kapitel 4.3). Ich habe einmal zwei verschiedene Referenten zum Thema Urlaub sprechen hören. Beide wollten den Anwesenden das Gefühl vermitteln, an einem wunderschönen Strand zu sein. Der erste zeigte ein Bild. Der zweite bat uns, die Augen zu schließen, und beschrieb dann den Anblick und die Geräusche, von denen wir an einem solchen Ort umgeben wären. Dem zweiten gelang es deutlich besser, seine Ziele zu erreichen.

Wann man auf visuelle Hilfsmittel besser verzichtet

In bestimmten Situationen sollten Sie sich vor der Verwendung von Anschauungsmaterial sogar hüten. Ich erwähnte ja bereits, dass Sie bei der Überarbeitung gnadenlos vorgehen und bereit sein müssen, »die Darlinge zu killen«. Dieses Prinzip – *Was Ihre Ausführungen nicht aktiv unterstützt, schadet ihnen* – gilt auch für visuelle Hilfsmittel. Das Problem ist: Wir finden ein bestimmtes Bild, das uns gut gefällt, und möchten es verwenden. Es könnte also durchaus sein, dass nicht nur ein paar »Lieblingsgeschichten«, sondern auch ein paar »Lieblingsbilder« dran glauben müssen.

Ob Sie ein Bild tatsächlich bei der Vermittlung Ihrer Informationen unterstützt, lässt sich am besten dadurch herausfinden, dass Sie es an einer unbeteiligten Partei testen. Dabei werden Sie möglicherweise feststellen, dass es eher Verwirrung stiftet, als zur Klärung beizutragen. Bei einem dreitägigen Seminar, das ich zusammen mit einem anderen Trainer hielt, verriet mir dieser Kollege, dass er einen recht trockenen Vortrag zum Thema Identität halten müsse, da sich die gesetzliche Situation gerade im Umbruch befinde. Deshalb wolle er diesen Teil mit einer Abbildung aus einem Film auflockern, in dem der von Tom Cruise verkörperten Figur die Identität gestohlen wird. Ich war mir nicht sicher, ob er sich damit einen Gefallen tun würde, und als er das Bild von Tom Cruise zeigte, stellte sich heraus, dass keiner der Anwesenden den Film gesehen hatte. Er musste die Handlung des Films schildern und entfernte sich sehr weit von dem, was er ursprünglich hatte sagen wollen. Das visuelle Hilfsmittel schadete, statt zu nützen. Dann dachte jemand, er hätte den Film *doch* gesehen, musste dann aber zugeben:»Nein, das war ein anderer Film mit Tom Cruise, in dem …« An diesem Punkt hatte das Bild das Publikum vollkommen von dem Thema weggeführt, das es eigentlich hätte illustrieren sollen.

Vergessen Sie nicht, dass sich manche Dinge nicht so einfach mit einem einzigen Bild darstellen lassen – und Sie sich in einer solchen Situation auch nicht von der Herausforderung reizen lassen sollten. Sie können sich keinerlei Unklarheiten leisten. Ich beriet den Leiter einer Agentur für Medienbeobachtung, der kurz vor einer Präsentation stand, deren Kernaussage war:»Das Publikum hat die Kontrolle über die Medien übernommen.« Vermutlich ist es unmöglich, dieses Konzept bildhaft darzustellen, trotzdem war er wild entschlossen, eine anschauliche Lösung zu finden. Er hatte die Idee von einer großen Lenkrakete, die in der Luft kreise.»Dieses Bild«, sagte ich,»bedeutet nicht ›das Publikum hat die Kontrolle übernommen‹, sondern ›völlig außer Kontrolle‹. Außerdem ist es zu aggressiv – es wird eine ganze Reihe von Assoziationen und Vorstellungen auslösen, die wenig hilfreich sind.« Wir fanden keine passende Alternative,

kamen aber überein, dass wir eher an eine Aufnahme von Zuschauern in Regiestühlen oder etwas in der Art denken sollten.
Wie so ein Stuhl aussieht, ist freilich ein weiteres Rätsel.

Drei abschließende Punkte zu visuellen Hilfsmitteln:

1. Achten Sie darauf, dass das von Ihnen verwendete Anschauungsmaterial grundsätzlich der Größe des Publikums entspricht. Nichts ist schlimmer als Bilder, die
man nicht genau erkennen kann. Sind sie umgekehrt so
groß, dass sie schwer zu halten sind, müssen Sie zwei
Dinge in Erwägung ziehen. Fragen Sie sich erstens, warum die Bilder so groß sein müssen. Weil das Publikum
groß ist? Vielleicht wäre es in diesem Fall besser, die
Bilder auf eine Leinwand zu projizieren? Oder liegt es
daran, dass Sie sehr viele Informationen unterbringen
müssen? Vielleicht sollten Sie sich dann lieber für eine
Reihe kleinerer Abbildungen entscheiden? Fragen Sie
sich zweitens, wie Sie rein körperlich mit Ihrem Anschauungsmaterial zurechtkommen. Wie wollen Sie es
zum Veranstaltungsort transportieren, wie wollen Sie
es vor und nach dem Einsatz aufbewahren?
Vor allem aber: Wie und wo wollen Sie es während der
Präsentation befestigen? Ich habe einmal den hervorra-
genden Vortrag des Lektors eines führenden Verlags-
hauses gesehen, der aus gutem Grund eine große
Schautafel als Kernstück seiner Präsentation verwendete. Bevor sie zum Einsatz kam, referierte er sehr gut;
als er sie zeigte, sprach er zwar immer noch recht ordentlich, aber nicht mehr so gut wie vorher. Der Grund

für diesen Leistungsabfall war offensichtlich: Er klammerte sich an die Tafel, weil er befürchtete, sie könnte jeden Augenblick auf den Konferenztisch kippen. Seine Konzentration ließ nach, er wirkte abgelenkt und seine gesamte Gestik war stark eingeschränkt. Ich riet ihm, eine einfache Klappe an der Rückseite der Tafel anzubringen, damit ihn dieses visuelle Hilfsmittel unterstützte – und nicht umgekehrt!

2. Eine wertvolle Lektion zum Thema Strichbreite lernte ich direkt von Ali Bongo, der bis zu seinem Tod im Jahr 2009 Präsident der Zaubervereinigung *The Magic Circle* war. »Für die Sichtbarkeit ist die Strichbreite wichtiger als die schiere Größe«, lauteten die weisen Worte, die er uns eines Abends im *Magic Circle* verriet. Sie waren seine Antwort auf die Frage eines Kollegen, der uns die kleinen beschrifteten Schautafeln gezeigt hatte, die er in Clubs für seinen Gedankenlesetrick verwendete. Da er in Kürze im Vorprogramm eines berühmten Künstlers auf Tournee gehen würde, wollte er die Schrifttafeln vergrößern lassen, um dem Publikumszuwachs Rechnung zu tragen. »Tun Sie das nicht«, erwiderte Ali. »Solche Tafeln sind teuer, schwierig zu handhaben und kaum effektiver. Bleiben Sie bei dieser Größe, verwenden Sie eine dickere Schrift oder einen breiteren Stift, und der Text wird im ganzen Theater zu sehen sein. Für die Sichtbarkeit ist die Strichbreite wichtiger als die schiere Größe.«

3. Versehen Sie Bilder nur dann mit einem Text, wenn es unbedingt nötig ist. Sie können im Rahmen Ihres Vortrags *sagen*, was in einer Bildunterschrift stehen würde,

sofern Sie dies für erforderlich halten. Ohne Bildunterschrift sind Sie flexibler, können die Darstellung vielseitig einsetzen und den geplanten »gesprochenen Bildtext« sogar an die Stimmung der Veranstaltung anpassen.

4.7   Wie Sie die Erinnerung lebendig halten

Warum erinnern sich auch über 25 Jahre nach seinem Tod so viele Menschen an Tommy Cooper und bringen ihm Respekt und Liebe entgegen, während Tommy Wonder, einer der talentiertesten und kreativsten Zauberkünstler seiner Generation, nie richtig berühmt wurde? Das hat viele Gründe, eine besondere Bedeutung dürfte dabei aber wohl einem gewissen Fez zukommen.

Um sicher sein zu können, dass etwas im Gedächtnis bleibt, ist ein gewisses Maß an Wiederholung vonnöten.

Regel 16 – Anhaltende Wirkung erzielt man nur, wenn die Information ins Langzeitgedächtnis übergeht.

Das Kurzzeitgedächtnis kann nur etwa sieben Informationseinheiten wie Namen, Buchstaben und Wörter gleichzeitig erfassen, und Wiederholung hilft, sie im Langzeitgedächtnis zu verankern. Damit Wiederholungen funktionieren, müssen Sie die ganze Sache vorsichtig angehen. Wenn Sie ständig ein und denselben Satz wiederholen, wird sich Ihr Publikum zwar vielleicht daran erinnern, aber mit zunehmender Irritation. Sie müssen also Möglichkeiten finden, Wiederholungen nahtlos in Ihren Vortrag einzufügen, vielleicht indem Sie eine Reihe von Gliederungspunkten mit einem Satz zusammenfassen.

Einmal mehr erweist sich Steve Jobs, CEO von Apple Inc., als Meister der effektiven Wiederholung. Wenn Sie sich eine seiner Präsentationen wie etwa die Markteinführung des MacBook Air ansehen, werden Sie werden feststellen, dass die eine einfache Botschaft (EEB) vom »dünnsten Notebook der Welt« am Anfang und am Ende jedes Abschnitts seines hervorragend gegliederten Vortrags auftaucht. Die Wiederholung dieser Zeile dient sowohl zur Gliederung als auch dazu, Jubelstimmung zu verbreiten.

Am raffiniertesten aber ist es, wenn Sie eine gewisse Anzahl geschickt platzierter Wiederholungen mit zwei bereits genannten Techniken kombinieren: *Knüpfen Sie an die Vorkenntnisse Ihres Publikums an* (Regel 3), indem Sie viele vertraute Anhaltspunkte bieten, und *Schneiden Sie die Botschaft auf Ihr Publikum zu*, um den Filterprozess des Gehirns zu umgehen (Regel 4). Wenn Sie diese Prinzipien befolgen, sind Wiederholungen so gut wie überflüssig.

Differenzierungsmerkmale

Damit eine Erinnerung lebendig bleibt, müssen Sie noch etwas weiter gehen und sie in den Köpfen Ihrer Zuhörer verankern. Dazu sind meist gewisse Kunstgriffe nötig, die allerdings oft sehr einfach sein können. Steve Jobs etwa schuf mit der Zeile »das dünnste Notebook der Welt« einen starken Fokus, doch erst der *Kunstgriff*, das MacBook Air aus einem Umschlag zu zaubern, dürfte den Satz wirklich in unseren Köpfen verankert haben. Natürlich war er auch in der darauffolgenden Werbekampagne wiederholt zu sehen.

Wie ich schon sagte, handelt es sich dabei oft um sehr einfache Dinge – wie einen Briefumschlag. Es geht um Abgrenzung – um etwas, das Ihnen hilft, sich von der Masse abzuheben und die Erinnerung zusammen mit den entsprechenden Assoziationen in den Köpfen Ihrer Zuhörer zu verankern. Es geht um Regel 15 – *Allzu Vertrautes wird »unsichtbar«.*

Bei Wettbewerbspräsentationen, bei denen Sie mit einer Reihe von Mitbewerbern um einen Auftrag konkurrieren, ist die Notwendigkeit der Abgrenzung besonders groß. Gegen Ende meiner PR-Karriere unterstützte ich gelegentlich Klienten bei der Wahl einer PR-Beratung. Zum Einstieg empfahl ich ihnen immer, die verschiedenen Kandidaten in ihren Büros aufzusuchen. Auf diese Weise konnten sie sich einen Eindruck von den Menschen und der Kultur in den verschiedenen Beratungsfirmen verschaffen, bevor sie eine kleine Auswahl von ihnen zu einer Wettbewerbspräsentation einluden. Meine Klienten kamen brav in die Stadt und statteten den Firmen auf meiner Liste einen Besuch ab. Am nächsten Tag rief ich an, um sie nach ihren ersten Eindrücken zu fragen. Dabei konnte ich jedes Mal beobachten, dass sie sich von jeder Agentur an eine Person und ein Detail erinnern konnten und alles andere durcheinanderging. Das lag daran, dass sich die Firmen realistisch betrachtet kaum voneinander unterschieden. Hätte sich eine davon eines einfachen Kunstgriffs bedient, damit sich ihre potenziellen neuen Kunden an sie erinnerten, wäre sie der Konkurrenz voraus gewesen.

In meiner Zeit in der PR-Branche sorgte ich dafür, dass den Besuchern meiner Beratung mindestens zwei Dinge klar im Gedächtnis blieben: Nicht jede Firma kann ein Büro mit Aussicht auf den Tower of London haben, wie das bei uns der Fall war, aber alle können ein Objekt in die Lobby oder den Konferenzraum stellen, das für Gesprächsstoff sorgt. Ich besaß unter anderem eine lebensgroße Darstellung Elton Johns, die ich bei der Versteigerung einiger seiner Habseligkeiten bei Christie's erstanden hatte. Besucher gingen mit der klaren Erinnerung an die PR-Agentur nach Hause, bei der Elton John im Konferenzraum stand; und wenn ihnen das nicht gefiel, waren wir wohl nicht die Richtigen für sie.

Um meine Seminarteilnehmer hinsichtlich der Differenzierungsmerkmale in die richtige Richtung zu lenken, erzähle ich die Geschichte von Michael Grade, der zwar in Großbritannien ein hochrangiger Fernsehchef war, aber als er in die Vereinigten Staaten ging, war er dort so gut wie unbekannt. Er merkte bald, dass er seinen Wiedererkennungswert in der amerikanischen Unterhaltungsbranche steigern musste. Sein britischer Akzent half ihm, sich abzugrenzen. Der besondere Clou aber war wieder etwas ganz Einfaches: Er fing an, rote Socken zu tragen. Die Amerikaner hielten dies damals für eine verschrobene britische Angewohnheit, weshalb es ihn in ihren Köpfen verankerte. Wenn er irgendwo anrief und seinen Namen nannte, sagten sie: »Ach ja, ich erinnere mich an Sie. Sie sind doch der Kerl mit den roten Socken.« Ziel erreicht.

Abgesehen davon, dass ich Zauberkunst in meine Seminare einbaue, besteht mein Differenzierungsmerkmal heute in einem Kunstgriff, den ich verwende, wenn ich jemanden besuche, um mich und meine Arbeit vorzustellen. Da ich mit visuellen Hilfsmitteln arbeite, aber nicht einer von den vielen sein wollte, die mit einem Laptop auftauchen, überlegte ich mir eine Alternative. Wenn ich gebeten werde, mein Angebot vorzustellen, ant-

worte ich: »Bei meiner Arbeit spielen Flipcharts eine große
Rolle. Deshalb verwende ich auch im Gespräch mit einer oder
zwei Personen eine Miniaturausgabe davon.« Ich öffne meine
Tasche und nehme ein Tisch-Flipchart heraus, das genauso aussieht wie die handelsüblichen Modelle, einschließlich des Nobo-
Markenzeichens, aber so klein ist, dass man DIN-A4-Papier
verwenden kann. Damit errege ich immer große Aufmerksamkeit, besonders bei Frauen. Sie wollen wissen, wo ich das Flipchart herhabe, wo man es kaufen kann und so weiter – es sorgt
für Gesprächsstoff. Werde ich dann zu einem zweiten Gespräch
eingeladen, kommt es manchmal sogar vor, dass man mir sagt:
»Ich habe schon von Ihrem Flipchart gehört.« Ein einfacher
kleiner Kunstgriff sorgt dafür, dass sich die Leute an mich erinnern und sogar über mich sprechen.

Auf den Punkt gebracht

Referenten können sich einer ganzen Reihe von Zutaten bedienen, um ihren Vortrag zu würzen. Sie werden damit allerdings nur Erfolg haben, wenn sie auch dem Grundrezept die
gebührende Sorgfalt und Aufmerksamkeit widmen.

Kapitel 5

Überzeugung

Seien Sie überzeugt; seien Sie authentisch; seien Sie offen und überzeugen Sie »zufällig«; was Überzeugung zerstört; schalten Sie nicht auf Autopilot; Selbstvertrauen

»Nur wer überzeugt ist, überzeugt.«

Max Dessoir, Deutscher Psychologe
(beriet Ende des 19. Jahrhunderts Zauberkünstler)

Wenn es darum geht zu *überzeugen*, ist klar, dass sehr viel davon abhängen wird, wie Ihr *Vortrag* auf andere wirkt. Die wichtigen Bausteine einer *überzeugenden* Präsentation müssen Sie allerdings schon während des *Aufbaus* berücksichtigen.

5.1 Seien Sie überzeugt

Heute würde Max Dessoir wohl etwas sagen wie »Einen Dummschwätzer erkennt man hundert Meilen gegen den Wind«. Vielleicht würde er es auch eleganter formulieren – wie der zeitgenössische Zauberkünstler Michael Vincent, der seinen Kollegen von der Zauberkünstlervereinigung *The Magic Circle* sagt: »Eure

Angst wird euch immer vor eurer Technik verraten.« Er möchte damit zum Ausdruck bringen, dass Sie fest an sich glauben müssen. Es hilft nicht viel, wenn Zauberkünstler ihre raffinierten Taschenspielertricks tausendmal üben, solange sie dabei immer noch schuldbewusst dreinschauen.

Dessoir bestärkte seine Schützlinge darin, ihre Botschaft auf dem aufzubauen, woran sie am meisten glaubten, damit ihre Überzeugung spürbar wurde. Ich kann dies nachempfinden, wenn ich an die Zeit zurückdenke, in der ich Werbung für alkoholische Getränke machte, die für den breiten Markt bestimmt waren. Von Zeit zu Zeit wurde ich damit aufgezogen und gefragt, ob ich die Produkte bestimmter Kunden auch zu Hause trinken würde. Die ehrliche Antwort war »Nein«, sie waren mir zu süß und zu gefällig. Überzeugt war ich allerdings von der weiten Verbreitung dieser Marken, ihren preisgekrönten Werbekampagnen, ihrem hohen Bekanntheitsgrad und ihrer Rezeptur, die perfekt auf den Geschmack der Masse abgestimmt war. Daher legte ich meinen Schwerpunkt auf genau diese Botschaften – und so wurde ein großes Maß an echter Leidenschaft spürbar.

5.2　Seien Sie authentisch

Ausgangspunkt für eine überzeugende Wirkung ist zweifellos die Authentizität. Sofern Sie nicht gerade ein hervorragender Schauspieler sind, werden Sie auch *nur dann* überzeugen, wenn Sie authentisch sind. Versuchen Sie also nicht, andere zu kopieren. Folgen Sie in dem, was Sie sagen und tun, nur Ihrem eigenen Herzen. Sie können sogar noch ein wenig weitergehen, indem Sie »etwas von sich preisgeben«: Bauen Sie kleine Hinweise auf Ihr Privatleben ein, und das Publikum wird sich für Sie erwärmen – was zur Folge hat, dass Ihre gesamte Kommunikation überzeugender wird.

Welche Vorzüge es hat, wenn jemand etwas von sich preisgibt, zeigt sich bei meinen Tagesseminaren häufig, wenn die Teilnehmer einen Zaubertrick lernen und vorführen. Bei den geschäftlichen Präsentationen, die sie einige Stunden zuvor gehalten haben, war der Vortrag einiger Teilnehmer übertrieben steif, ernst und humorlos, da sie dies beruflich für angebracht halten. Diese Herangehensweise ist offenbar besonders verbreitet, wenn sich ihre Präsentation an einen Kunden richtet, für dessen Geld sie verantwortlich sind. Doch wenn sie ihren Zaubertrick vorführen, verändert sich ihre ganze Körpersprache. Sie haben ein Lächeln auf den Lippen, das in ihrer Stimme zu hören ist, vor allem aber verraten sie etwas über sich selbst. Mit einem Mal bekommen wir einen kleinen Einblick in die Menschen hinter den Geldmaschinen, die wir davor gehört haben, und wir erwärmen uns für sie. Mit der Folge, dass sie überzeugender wirken.

Dai Vernon, der von vielen Zauberkünstlern verehrt wird, pflegte zu sagen: »Wenn das Publikum mag, wer Sie sind, wird es auch mögen, was Sie tun.« Juan Tamariz, der König der spanischen Zauberszene, untermauert dies mit den Worten: »Ein Publikum, das Sie sympathisch findet, will Sie nicht überführen, sondern möchte, dass Sie Erfolg haben.«

5.3   Seien Sie offen und überzeugen Sie »zufällig«

Bemühen Sie sich im Zuge der Authentizität auch darum, eine natürliche offene Ausstrahlung zu entwickeln.

Regel 18 – Offenheit zerstreut Zweifel, Beteuerungen schüren sie.

Zauberkünstler nutzen jede Gelegenheit, ihre Requisiten vom Publikum prüfen und anderen scheinbar völlig freie Wahl zu lassen, Freiwillige zu fragen, ob sie es sich noch einmal anders überlegen möchten, und so weiter. Es scheint, als gäben sie die Kontrolle ab, in Wirklichkeit verstärken sie sie sogar, weil sie dadurch überzeugender wirken.

Dieser Ansatz lässt sich auch auf das Berufsleben übertragen, indem Sie anbieten: »Sie können mich alles fragen, was Sie möchten«, »Sie können sich gern ein wenig umsehen«, »Sie können jeden unserer Kunden fragen«. Dadurch, dass Sie so offen wirken, können Sie Ihr Gegenüber für sich gewinnen, ohne noch mehr dafür tun zu müssen. Am überzeugendsten wirkt natürlich eine Empfehlung Dritter, doch wenn Sie »zufällig« überzeugen, wie wir Zauberkünstler sagen, erreichen Sie eine noch höhere Stufe dieses Prinzips.

Regel 19 – Der Mensch hat mehr Vertrauen in Schlüsse, die er selbst gezogen hat.

Regel 19 ist das Herzstück des zufälligen Überzeugens, bei dem man ausschließlich über Hinweise kommuniziert, die es dem

Publikum erlauben, seine eigenen Schlüsse zu ziehen. Lässt ein Zauberkünstler auf der Bühne zum Beispiel etwas fallen, kann das einfach daran liegen, dass er ein Tollpatsch ist. Wahrscheinlicher aber ist, dass er damit – ganz unverfänglich – die Aufmerksamkeit auf seine leere Hand lenken möchte, während er den Gegenstand aufhebt. Dadurch wirkt es umso eindrucksvoller, wenn er im Anschluss daran etwas aus dieser scheinbar leeren Hand hervorzaubert – viel eindrucksvoller als jede öffentliche Bekundung, dass sie leer ist. Es liegt in der Natur des Menschen, dass Ihr Gehirn alles glaubt, was Sie ihm sagen, aber grundsätzlich infrage stellt, was ein anderer sagt.

Der Zauberkünstler James Freedman wendet dieses Prinzip auch geschäftlich an, wenn er seine Beraterdienste verkauft. Statt bei Terminen die Namen früherer Klienten herunterzurattern, hat er deutlich mehr Erfolg damit, wenn er in diesem Punkt scheinbar zufällig überzeugt. Während der Besprechung öffnet er unter einem Vorwand eine Aktentasche mit Ordnern, deren Rücken gut lesbar mit den Namen berühmter Klienten beschriftet sind. Die Anwesenden sehen sie und sind nun überzeugt, es mit einem Schwergewicht auf diesem Gebiet zu tun zu haben – sehr viel mehr, als wenn er die Namen aufgezählt hätte.

5.4 Was Überzeugung zerstört

Überlegen Sie sehr genau, was Überzeugung zerstört, um diese Dinge vermeiden zu können. Regel 18 besagt, *Beteuerungen können Zweifel schüren*. Hüten Sie sich deshalb davor, zu viel zu geloben. Unerfahrene Zauberkünstler tappen gern in die Erklärungsfalle»Ich habe hier ein ganz normales Kartenspiel«. Die meisten Menschen werden daraufhin sofort annehmen, dass irgendetwas damit nicht stimmt, selbst wenn es tatsächlich völlig harmlos ist. Wenn Sie Ihr Publikum wissen lassen möchten, dass Sie mit ganz normalen und korrekt gemischten Karten arbeiten, müssen Sie dies demonstrieren oder jemanden bitten, für Sie zu mischen. Auf diese Weise gelangen die Zuschauer selbst zu der Erkenntnis (Regel 19), von der sie unerfahrene Zauberkünstler allzu eifrig überzeugen möchten.

5.5   Schalten Sie nicht auf Autopilot

Achten Sie auch darauf, während der Präsentation nicht auf Autopilot zu schalten. Viele Referenten tun dies ausgerechnet dann, wenn sie eigentlich am überzeugendsten sein müssten. Mit Autopilot meine ich das monotone Geleier, in das zum Beispiel Empfangsdamen und Flugbegleiter verfallen, wenn sie wie Papageien immer wieder das Gleiche sagen. Das kann auch bei geschäftlichen Präsentationen vorkommen, vor allem bei Inhalten wie den Unternehmensreferenzen, die meist unabhängig vom Anlass immer gleich vorgetragen werden. In einem solchen Fall werden Sie vermutlich *klingen*, als würden Sie die immer gleiche alte Liste herunterleiern, und das ist grundsätzlich ein Fehler.

Überlegen Sie im Hinblick auf Ihre Referenzen gut, was für dieses spezielle Publikum tatsächlich von Interesse ist. Was wird die Anwesenden motivieren und dazu bringen aufzuhorchen? Ich war einmal für ein Unternehmen tätig, dessen Vorstandsvorsitzender zu Recht stolz auf die Vertretungen in London, New York und Hongkong war. Aus diesem Grund begann jede

Präsentation mit den Worten »Wir haben Vertretungen in …«.
Dennoch hatten die Büros in New York und Hongkong für einen großen Teil der Kunden, mit denen wir zu tun hatten, keinerlei Bedeutung. Ein Interessent, dem ich unsere Firma vorstellte, empfand dies sogar als erheblichen Nachteil. Er war auf der Suche nach einer PR-Beratung mit einem stärker lokalen Schwerpunkt, als unsere Präsentation zu verstehen gab.

Ich schulte auch ein Team, dessen Mitglieder an einer wichtigen Stelle ihres Vortrags alle die gleiche Formulierung verwendeten: »Wir freuen uns sehr über diese Chance.« Das ist ein netter, angemessener Satz, aber die Anwesenden sagten ihn so mechanisch und emotionslos daher, dass er wirkungslos verpuffte und nicht zum übrigen Inhalt passte. Sie waren offensichtlich angewiesen worden, diese Formulierung zu verwenden, hätten jedoch der weiteren Instruktion bedurft, dass sie ihn in ihre eigenen Worte kleiden und dort einflechten sollten, wo er sich ganz natürlich einfügt. Was uns zum Ausgangspunkt jeder Überzeugung zurückbringt: Um authentisch zu wirken, müssen Sie auch authentisch sein. Es wirft aber auch ein Thema auf, dem ich mich im Abschnitt über den *Vortrag* widmen werde, nämlich Körpersprache und Worte aufeinander abzustimmen. Es bringt nichts zu behaupten, Sie würden sich freuen, wenn Sie dabei weder erfreut aussehen noch so klingen!

5.6 Selbstvertrauen

Lassen Sie uns zum Schluss noch einmal auf Max Dessoir zurückkommen, der Zauberkünstlern auch zu sagen pflegte: »Begegnen Sie dem Publikum stets auf Augenhöhe.« Dieser Satz deckt sich mit einem weiteren zeitgemäßen Rat: *Achten Sie darauf, dass Sie ebenso gut, wenn nicht sogar ein wenig besser gekleidet sind als Ihr Publikum.*

Ich glaube, diese Empfehlung behält auch im Geschäftsleben ihre Gültigkeit. Wenn Sie sich allzu unterwürfig verhalten, haben Sie keine Chance, den Saal zu beherrschen, intensiven Blickkontakt zu halten oder viele andere Techniken einzusetzen, die so wichtig sind, um das Publikum zu binden. Mir fallen einige berufliche Situationen ein, in denen man mir für meinen unverblümten Rat gedankt, mich gelobt und sogar belohnt hat. Ich wüsste nicht, dass man mich je gerügt hätte, weil ich unhöflich gewesen wäre oder mir zu viel herausgenommen hätte.

Zu guter Letzt ein Tipp, der Ihnen helfen soll, zusätzliches Selbstvertrauen auszustrahlen: Sorgen Sie dafür, dass es bei jeder Präsentation etwas gibt, das Sie *mit echter Begeisterung vortragen.* Die Vorfreude wird Sie mit Energie erfüllen und der Augenblick selbst wird Ihnen die Möglichkeit geben zu glänzen und wirklich authentisch zu sein.

Auf den Punkt gebracht

Um überzeugend zu kommunizieren, bedarf es zweifellos einer Mischung aus Aufrichtigkeit und ausgefeilter Präsentation. Um wirklich effektiv zu sein, bedarf es aber auch der Planung.

Kapitel 6

So gestalten Sie eine PowerPoint-Präsentation, die Ihren Vortrag unterstützt

Die drei Grundprinzipien von PowerPoint; in zehn Gestaltungsschritten zur PowerPoint-Präsentation

Nachdem ich meine Schützlinge über die Tücken im Umgang mit PowerPoint aufgeklärt habe (siehe Kapitel 2.6), erkläre ich ihnen die drei wesentlichen Aspekte einer – wie ich sage –»kraftvollen PowerPoint-Präsentation«. Die technische Handhabung des Programms spielt dabei kaum eine Rolle. Was diesen Teil der Vorbereitungen betrifft, sollten Sie mit einer professionellen Vorlage arbeiten und sich dabei auf administrative und computertechnische Hilfe stützen. Es geht vielmehr darum sicherzustellen, dass das Programm Ihren Vortrag auch wirklich unterstützt und Sie nicht dem »Tod durch PowerPoint«-Syndrom zum Opfer fallen.

Um kraftvolle PowerPoint-Präsentationen zu erstellen, müssen Sie drei wichtige Prinzipien verstehen:

1. **Sie müssen die sieben Todsünden erkennen und verstehen** (siehe Seite 55-59). Sobald Ihnen die Augen

geöffnet wurden und Sie wissen, um welche Sünden es sich dabei handelt, welchen Schaden sie anrichten und wie leicht sie zu vermeiden sind, werden Sie diese Fehler nicht mehr machen. Dies lässt sich am einfachsten dadurch erreichen, dass Sie sich die Präsentationen anderer ansehen. Spielen sie »Sieben-Todsünden-Bingo«, wenn Sie möchten, und stellen Sie sich eine besondere Belohnung in Aussicht, wenn Sie »sieben auf einen Streich« in einem Vortrag entdecken.

2. **Sie müssen die Funktionen von PowerPoint optimal nutzen.** PowerPoint verfügt über eine ganze Reihe von Extras und Funktionen, die speziell zur Unterstützung des Referenten entwickelt wurden. Das Problem ist nur, dass kaum einer je davon erfahren wird. Sobald Sie diese Funktionen kennen, werden Sie mit ihrer Hilfe Ihren Vortrag verbessern und sie wahrscheinlich wie Betriebsgeheimnisse hüten.

Ein Beispiel: Ich bitte die Teilnehmer in meinen Seminaren immer, die Hand zu heben, wenn sie wissen, was passiert, wenn ich bei laufender PowerPoint-Präsentation die Taste B drücke. Meist melden sich etwa drei von 50 oder 60 Teilnehmern. Ich erkläre, dass ein Druck auf die Taste B den Bildschirm verdunkelt – eine der besten Funktionen für Referenten. Sie lenkt die Aufmerksamkeit wieder auf Ihre Person und hilft Ihnen, Ablenkungen zu minimieren. So sollten zum Beispiel niemals Bilder oder Grafiken zu einem Thema zu sehen sein, das Sie bereits vor zehn Minuten abgehandelt haben.

3. **Sie müssen an guten Präsentationsgepflogenheiten festhalten.** Alle Regeln, die Sie vor PowerPoint gelernt haben, behalten auch weiterhin ihre Gültigkeit. Vielleicht sind sie inzwischen sogar wichtiger denn je, um zu verhindern, dass die nun vorhandenen technischen Hilfsmittel Ihren Vortrag erdrücken.

Die Konstruktion kraftvoller PowerPoint-Präsentationen erfolgt in zehn aufeinanderfolgenden Schritten:

Schritt 1 – Übernehmen Sie die Kontrolle

Machen Sie sich frei von Ihrem Computer. PowerPoint wird Sie nach Kräften »unterstützen« und Designvorschläge machen, Vorlagen anbieten und Farbpaletten vorgeben, aber lassen Sie sich davon bitte nicht gängeln. Betrachten Sie sich als Regisseur, der erst zur Kamera greift, nachdem er sich vergewissert hat, dass er auch wirklich eine Geschichte zu erzählen hat. Entscheiden Sie, wie Ihre Präsentation aussehen soll. Denken Sie in Bildern und fertigen Sie grobe, szenenbuchartige Skizzen an, bevor Sie auch nur daran denken, Ihren Computer anzuschalten.

Schritt 2 – Hauptverwendungszweck

Nachdem Sie sich für PowerPoint entschieden haben, sollten Sie sich fragen, welche Aufgaben das Programm in dieser speziellen Situation erfüllen soll. Soll es visuelles Hilfsmittel, Thesenpapier, Handreichung sein oder vielleicht mehreren Zwecken dienen? Bedenken Sie: Damit die einzelnen Formate ihre Aufgabe auch erfüllen können, bedürfen sie der individuellen Vorbereitung. Trotzdem ist es nicht nötig, mehrere Versionen zu verfassen – Schritt 4 ist der schriftlichen Ausarbeitung gewidmet und wird Ihnen zeigen, wie Sie dies vermeiden können.

Schritt 3 – Struktur

Beginnen Sie damit, Ihre Struktur wie einen – echten – Routenplan zu gestalten. Skizzieren Sie zunächst die Kernelemente auf Papier und stellen Sie sich vor, dass Sie eine Art Streckenplan anfertigen. Betrachten Sie Ihr Ziel als den Bestimmungsort, den Ihr Publikum erreichen soll, und notieren Sie ihn ganz oben auf der Seite. Danach kommt der Ausgangspunkt: Überlegen Sie, wie weit Ihr Publikum derzeit von seinem Bestimmungsort entfernt ist, und fragen Sie sich, wie es momentan um die Vorstellungen, die Kaufgewohnheiten und das Bewusstsein bezüglich der Dinge bestellt ist, zu denen Sie es – wie in Ihrem Ziel festgelegt – veranlassen möchten. Notieren Sie diese Punkte am unteren Ende der Seite.

Im Folgenden finden Sie einige Beispielszenarien:

Szenario 1	Szenario 2	Szenario 3

1. Bestimmungsorte (Ziele)

Szenario 1	Szenario 2	Szenario 3
Mein neues Produkt verkaufen, innerhalb von zwei Jahren einen Marktanteil von 5 Prozent erreichen.	Unterstützung für meine karitative Einrichtung gewinnen – kurzfristig durch Spenden, langfristig durch praktische Hilfe.	Einen bestimmten Arbeitsplatz bekommen.

2. Ausgangspunkte (die aktuelle Situation)

Szenario 1	Szenario 2	Szenario 3
Mein Produkt ist nur einem gewissen Nischenpublikum bekannt.	Meine karitative Einrichtung ist neu und muss mit vielen traditionellen und verdienstvollen Organisationen konkurrieren.	Ich verfüge über die entsprechende Erfahrung, bin aber verglichen mit den Erwartungen und den anderen Bewerbern eher alt.

In diesem Stadium kommt es auf zwei Dinge an: Sie müssen erstens sicherstellen, dass Ihr Bestimmungsort klare Maßnahmen nennt, und Sie müssen zweitens den Ausgangspunkt Ihres Publikums realistisch einschätzen. Wenn Sie zum Beispiel bereits wissen, dass man Sie nicht mag, dann seien Sie gnadenlos ehrlich mit sich und nehmen Sie das als Ihren Ausgangspunkt. Ohne eine realistische Einschätzung werden Sie am falschen Ort zu Ihrer Reise aufbrechen, Ihr Publikum wohl nicht erreichen und vermutlich niemals an Ihrem Ziel ankommen.

Zeichnen Sie nun ein, welche Ideen – Straßen und Wege, wenn Sie so wollen, zusammen mit Brücken über bestimmte

Hindernisse – Sie von Ihrem Ausgangspunkt an Ihren Bestimmungsort bringen werden. Fügen Sie sie in Ihre Karte ein:

Szenario 1	Szenario 2	Szenario 3

1. Bestimmungsorte

Mein neues Produkt verkaufen, innerhalb von zwei Jahren einen Marktanteil von 5 Prozent erreichen.	Unterstützung für meine karitative Einrichtung gewinnen – kurzfristig durch Spenden, langfristig durch praktische Hilfe.	Einen bestimmten Arbeitsplatz bekommen.

3. Straßen, Wege & Brücken (Ideen und Vorgehensweisen)

Auf mangelnde Innovation bei der Konkurrenz hinweisen.	Den wohltätigen Zweck der Stiftung so darstellen, dass es die Herzen der Anwesenden anrührt.	Die eigene Erfahrung hervorheben.
Die Vorzüge für ein Nischenpublikum sowie die Möglichkeit hervorheben, dass auch eine breitere Käuferschicht davon profitieren könnte.	Dafür sorgen, dass das Publikum noch einmal über die Organisation nachdenkt, die es normalerweise unterstützt.	Betonen, wie wichtig Erfahrung in diesem Fall ist.
Das Nischenpublikum zu Helden machen – damit breitere Käuferschichten ihm nacheifern.	Junge, prominente Botschafter finden.	Zeigen, dass man innerlich jung geblieben ist und Anerkennung genießt (Referenzen).

2. Ausgangspunkte

Mein Produkt ist nur einem gewissen Nischenpublikum bekannt.	Meine karitative Einrichtung ist neu und muss mit vielen traditionellen und verdienstvollen Organisationen konkurrieren.	Ich verfüge über die entsprechende Erfahrung, bin aber verglichen mit den Erwartungen und den anderen Bewerbern eher alt.

Zuletzt brauchen Sie einen Kompass, der Sie von Ihrem Ausgangspunkt an Ihren Bestimmungsort bringt. An dieser Stelle kommt die in Kapitel 3.1 behandelte eine einfache Botschaft (EEB) ins Spiel. Falls Sie noch keinen solchen Slogan haben, betrachten Sie Ihre Straßen/Wege/Brücken-Ideen und überlegen Sie, welcher Satz als Zusammenfassung dienen und alle Gedanken in einer einfachen und einprägsamen Botschaft bündeln könnte. Falls Ihnen eine einfache Botschaft einfällt, die zwar den größten Teil, aber nicht alle Ideen enthält, sollten Sie in Betracht ziehen, dass es sich dabei um einen »Darling« handeln könnte, den es dann leider zu »killen« gilt. Vergessen Sie nicht: Eine einfache Botschaft sorgt dafür, dass Ihr Publikum – und Sie – auf Kurs bleiben. Sie ist tatsächlich eine Art Kompass.

Sobald Sie eine einfache Botschaft (EEB) formuliert haben, fügen Sie sie wie folgt in Ihre Karte ein:

Szenario 1	Szenario 2	Szenario 3

1. Bestimmungsorte

Mein neues Produkt verkaufen, innerhalb von zwei Jahren einen Marktanteil von 5 Prozent erreichen.	Unterstützung für meine karitative Einrichtung gewinnen – kurzfristig durch Spenden, langfristig durch praktische Hilfe.	Einen bestimmten Arbeitsplatz bekommen.

3. Straßen, Wege & Brücken

Auf mangelnde Innovation bei der Konkurrenz hinweisen.	Den wohltätigen Zweck der Stiftung so darstellen, dass es die Herzen der Anwesenden anrührt.	Die eigene Erfahrung hervorheben.
Die Vorzüge für ein Nischenpublikum sowie die Möglichkeit hervorheben, dass auch eine breitere Käuferschicht davon profitieren könnte.	Dafür sorgen, dass das Publikum noch einmal über die Organisation nachdenkt, die es normalerweise unterstützt.	Betonen, wie wichtig Erfahrung in diesem Fall ist.
Das Nischenpublikum zu Helden machen – damit breitere Käuferschichten ihm nacheifern.	Junge, prominente Botschafter finden.	Zeigen, dass man innerlich jung geblieben ist und Anerkennung genießt (Referenzen).

4. Eine einfache Botschaft (EEB)

Schon bald werden alle verrückt danach sein.	Die etwas andere Art, etwas zu bewegen.	Ich bin für diesen Job wie geschaffen!

2. Ausgangspunkte

Mein Produkt ist nur einem gewissen Nischenpublikum bekannt.	Meine karitative Einrichtung ist neu und muss mit vielen traditionellen und verdienstvollen Organisationen konkurrieren.	Ich verfüge über die entsprechende Erfahrung, bin aber verglichen mit den Erwartungen und den anderen Bewerbern eher alt.

Die eine einfache Botschaft (EEB) des ersten Szenarios lässt Ihr Produkt fast wie ein wohlgehütetes Geheimnis erscheinen. Deshalb haben die meisten Menschen zu diesem Zeitpunkt auch noch nichts davon gehört. Das Publikum hat die Chance, zusammen mit den cleveren Pilotanwendern von Anfang an dabei zu sein. Die EEB des zweiten Szenarios spielt mit dem bekannten Ausdruck »etwas bewegen«, der so wichtig ist, wenn es darum geht, karitatives Engagement zu erzeugen. Er regt das Publikum an, noch einmal nachzudenken, bevor es seine Spende wie immer derselben Wohltätigkeitsorganisation zukommen lässt. Er passt aber auch für die – im Gegensatz zur bloßen Geldspende – langfristig gewünschte praktische Unterstützung. Im dritten Szenario geht es darum, sich selbst zur naheliegenden Wahl zu machen – obwohl der künftige Arbeitgeber ursprünglich davon ausgegangen war, eine völlig andere Person einzustellen. Sie suchen nicht irgendeinen Job. Sie wollen *diesen*.

Schritt 4 – Schriftliche Ausarbeitung

Jetzt endlich dürfen Sie Ihren Computer einschalten. Nehmen wir an, Sie wollen folgende Materialien erstellen:

- eine visuelle Ergänzung Ihrer Präsentation *und*
- ein Dokument, das Ihr Publikum mitnehmen kann.

Eingedenk des Grundsatzes, dass sich *eine Folie im Allgemeinen schlecht als Handreichung eignet und umgekehrt,* müssen Sie beide Texte individuell gestalten. Das heißt allerdings nicht, dass Sie damit auch die doppelte Arbeit hätten. Ich empfehle, wie folgt vorzugehen:

1. Notizenfeld vergrößern – GROSS
2. Ins Notizenfeld schreiben
3. Text ins Folienfeld kopieren
4. Auf Schlüsselbegriffe reduzieren
5. Notizen bereinigen

Diese fünf Punkte entsprechen im Wortlaut einer PowerPoint-Folie, die ich in meinen Seminaren verwende. Ursprünglich haben sie aber einmal so ausgesehen:

- Ziehen Sie das Notizenfenster – schön groß – auf, indem Sie mit dem Mauszeiger auf die Linie zwischen Notiz- und Folienfeld gehen, bis er sich in einen Doppelpfeil verwandelt und Sie die Fenstergröße verändern können.

- Schreiben Sie nun in dieses Feld (Merke: Im Notizenfeld lässt es sich leichter schreiben und planen).
- Sobald Sie mit dem Text im Großen und Ganzen zufrieden sind, kopieren Sie ihn in das Folienfeld.
- Je nach Verwendungszweck sollten Sie nun:
  - den als Präsentationshilfe dienenden Text auf das absolute Minimum reduzieren.
  - auch die Notizen bereinigen – je nachdem, wofür Sie sie später verwenden wollen.

Für eine lesbare Folie ist das eindeutig zu viel Text. Wenn Sie die erste Fassung dagegen ins Notizenfenster schreiben – das sich in der PowerPoint-Normalansicht unter dem Folienfeld befindet –, können Sie einfach alles herausfließen lassen und müssen sich zunächst keine Gedanken wegen der Überarbeitung machen. Sobald Sie den Text in das Folienfeld kopiert haben, werden Sie merken, wie schnell und mühelos er sich auf das absolute Minimum kürzen lässt, das Sie bei Ihrer Präsentation unterstützt.

Außerdem stehen Ihnen nun zwei verschiedene Textversionen zur Verfügung, die Sie zusammen auf einer Notizenseite ausdrucken können, die sich möglicherweise durchaus auch als Thesenpapier eignet. Auf diese Weise bekommt Ihr Publikum sowohl eine Gedächtnisstütze in Form der Folien, die es aus Ihrer Präsentation kennt, als auch eine ausgearbeitete Version, die sogar für diejenigen verständlich ist, die Ihren Vortrag nicht gehört haben. Zwei Versionen zum Preis – oder Aufwand – von einer.

Wortdichte

Diese Technik setzt auch unmittelbar bei der vierten und töd-
lichsten der sieben Sünden an – der Wortdichte. Wenn Power-
Point dem Referenten als visuelle Unterstützung dienen soll,
muss der Text, der auf der Leinwand zu sehen ist, auf das absolute Minimum reduziert sein. Die Folien sollten den Referenten
nur unterstützen; sie sollten ihm weder als Spickzettel noch als
Dokument dienen. Was wünschen Sie sich von Ihrem Publikum? Dass die Leute Sie ansehen und Ihnen zuhören, oder dass
sie dasitzen und Folien lesen?

Reine Aufzählungsfolien können sehr leicht gegen Sie arbeiten, da sie eine Barriere zwischen Referent und Publikum er-
richten. Sie sorgen unweigerlich für eine steifere und förmli-
chere Atmosphäre, zwingen das Publikum, sich anzustrengen,
und sorgen für Frustration, wenn der Text schlecht lesbar ist.
Verwenden sie deshalb grundsätzlich mindestens eine 24-Punkt-
Schrift und prüfen Sie, ob sie auch in der letzten Reihe noch gut
zu lesen ist.

Jeder von uns kennt mehr als genug Beispiele für das, worüber
ich hier spreche. Aber werfen Sie einen Blick auf die folgende
Folie, die von einer führenden Londoner Kommunikationsbe-
ratung stammt. Es handelt sich dabei keineswegs um das
schlimmste Beispiel, das ich ihnen zeigen könnte, aber es ist für
viele Präsentationen symptomatisch. Der Vortrag hatte dazu ge-
dient, eine neue Geschäftsidee vorzustellen, man bat mich um
Rückmeldung, wie er sich verbessern ließe. Ich habe lediglich
die Identität der Firma an Kopf- und Fußende der Folien un-
kenntlich gemacht.

Folie 1

Das genetische Profil des perfekten Gastwirts

- Mit einem Arbeitspsychologen arbeiten, um Charakter und Fähigkeiten der erfolgreichsten Lizenznehmer zu ermitteln
- Aus den Daten verschiedene Persönlichkeitstypen ableiten, um breites Spektrum an Möglichkeiten aufzuzeigen
- Mit Querverweisen auf Verbraucherforschung zeigen, welche Eigenschaften die Gäste an einem Wirt am meisten schätzen
- Möglichkeit, Fernsehstars als Aufhänger zu verwenden, um Forschungsergebnisse zu veranschaulichen
- Lizenznehmer dienen als Wortführer und für Fallstudien

Mein erster Kommentar war eine Frage:»Warum verwenden Sie eine graue Schrift?« –»Weil Grau die Farbe unseres Unternehmens ist und unserem Geschäftsführer gefällt«, bekam ich zur Antwort.»Das sind zwei gute Gründe«, sagte ich.»Aber bitte bedenken Sie: Grau wirkt zwar auf dem Computerbildschirm, kann auf einem Ausdruck aber recht verwaschen aussehen. Und wenn Sie einen grauen Text mit dem Beamer auf die Leinwand projizieren, kann er fast vollständig verschwinden.« Ich empfahl, zu Präsentationszwecken eine etwas dunklere Schriftfarbe zu wählen – eher ein Dunkelgrau als ein Schwarz.

Der nächste und wichtigste Punkt war, dass alle Folien zu textlastig waren, um den Referenten effektiv zu unterstützen.

Schließlich hat er die Möglichkeit zu sagen: »Wir werden mit einem Arbeitspsychologen arbeiten, um ...« Auf dem Bildschirm genügt ein kurzer Stichpunkt – wie in Folie 2 umgesetzt:

Folie 2

Das genetische Profil des perfekten Gastwirts

- Mit einem Arbeitspsychologen arbeiten
- Persönlichkeitstypen von Gastwirten erarbeiten
- Auf Verbraucherforschung verweisen
- Möglichkeit, Fernsehstars als Aufhänger zu verwenden
- Lizenznehmer dienen als Wortführer und für Fallstudien

Im Grunde ist sogar das noch zu viel. Wie Folie 3 zeigt, lässt sich der Text durchaus noch weiter kürzen.

Folie 3

Das genetische Profil des perfekten Gastwirts

- Arbeitspsychologe
- Persönlichkeitstypen
- Verbraucherforschung
- Fernsehstars
- Lizenznehmer als Wortführer

Man könnte die Schrift so groß machen, dass jeder die Aufzählung lesen kann und die Aufmerksamkeit nun in erster Linie dem Referenten gilt. Beachten Sie bitte auch, wie viel eindrucksvoller die Liste ist, wenn die Punkte eine geschlossene Linie bilden.

Nach der Überarbeitung bedarf es eines weiteren Schritts. Wenn Sie Ihre Folien auf diese Weise präsentieren, wird Ihr Publikum alle Punkte vorab lesen und Ihrem Vortrag voraus sein. Sie sprechen über Arbeitspsychologen, während ein großer Teil Ihrer Zuhörer von der Überlegung abgelenkt wird, welche Fernsehstars Sie wohl empfehlen werden. Verwenden Sie deshalb eine einfache Animation, um die Punkte nacheinander anzuzeigen und den Fokus klar auf das zu legen, was Sie im Augenblick sagen. Das ist natürlich nicht bei allen Aufzählungen nötig. Manchmal werden Sie Ihr Publikum auch bitten wollen, sich einen schnellen Überblick über, sagen wir, eine Reihe von Möglichkeiten zu verschaffen. Es ist jedoch eine gute allgemeine Richtlinie. Wenn Sie möchten, dass die Anwesenden alle Punkte würdigen, sollten Sie unbedingt darauf achten, sie nacheinander anzuzeigen.

Sie haben nun eine Folie, auf der nach und nach eine Liste mit kurzen Hinweisen auf die einzelnen Kernpunkte entsteht, und wenn Sie damit fertig sind, wird das Publikum die Zusammenhänge verstehen.

Wir sind mit einem geringen Überarbeitungsaufwand von Folie 1 zu Folie 3 gelangt (siehe nächste Seite) und verfügen nun über ein deutlich besseres Hilfsmittel für einen Referenten. Dabei haben wir noch völlig außer Acht gelassen, wie wir die ganze Sache mit ein paar Bildern auflockern – und damit zusätzliche Klarheit schaffen können.

Das genetische Profil des perfekten Gastwirts

- Mit einem Arbeitspsychologen arbeiten, um Charakter und Fähigkeiten der erfolgreichsten Lizenznehmer zu ermitteln
- Aus den Daten verschiedene Persönlichkeitstypen ableiten, um breites Spektrum an Möglichkeiten aufzuzeigen
- Mit Querverweisen auf Verbraucherforschung zeigen, welche Eigenschaften die Gäste an einem Wirt am meisten schätzen
- Möglichkeit, Fernsehstars als Aufhänger zu verwenden, um Forschungsergebnisse zu veranschaulichen
- Lizenznehmer dienen als Wortführer und für Fallstudien

Das genetische Profil des perfekten Gastwirts

- Arbeitspsychologe
- Persönlichkeitstypen
- Verbraucherforschung
- Fernsehstars
- Lizenznehmer als Wortführer

Sie können Folie 1 durchaus für das Begleitdokument zu Ihrem Vortrag verwenden und eventuell zusammen mit Folie 3 zu einer Notizenseite anordnen.

Ein letzter Hinweis zur Überarbeitung: Machen Sie im Zweifelsfall den »T-Shirt-Test«. Wie viele Wörter passen auf ein T-Shirt, sodass der Text im Vorübergehen noch lesbar ist? Nachdem die schriftliche Ausarbeitung im Gange ist, hier noch ein paar einfache Hinweise zur Arbeit mit PowerPoint:

Schritt 5 – Hintergrund

Achten Sie auf einen einfachen und ablenkungsfreien Hintergrund, den Sie natürlich an die für Ihr Unternehmen charakteristische Bilderwelt anpassen dürfen. Im Grunde aber soll sich Ihr Publikum auf den Inhalt konzentrieren, weshalb der Hintergrund – wie wir Zauberkünstler sagen – »psychologisch unsichtbar« sein sollte: deutlich erkennbar, aber ohne die geringste Aufmerksamkeit auf sich zu ziehen.

Gehen Sie vorsichtig mit Farben und Schattierungen um. Verwenden Sie Ihre Unternehmensfarben nur, wenn es nicht auf Kosten der Lesbarkeit Ihres Inhalts geht. Ich erlebe häufig, dass jemand ein Foto, zum Beispiel eine wunderschöne Küstenlinie, als Hintergrund verwendet, da es zum Thema des Vortrags passt, mit dem zum Beispiel Ferienhäuser im Ausland als Geldanlage verkauft werden sollen. Die ersten Punkte sind vor dem Hintergrund des Himmels noch gut zu lesen. Bei den folgenden wird es schon schwieriger, weil das Blau des Meeres dunkler ist. Bei den letzten verschwinden die Wörter praktisch zwischen den Felsen. Sie können natürlich die Schriftfarbe ändern, aber in diesem Fall dürfte eine einzige Abstufung wohl nicht genügen, was schon wieder eine Ablenkung wäre. Tatsache ist, dass wir Texte üblicherweise von einem weißen Hintergrund ablesen – mit gutem Grund.

Zu guter Letzt können auch die Firmenlogos, die häufig in einer Ecke platziert werden, ablenken, stören oder gar aufdringlich wirken. Sie sollten ihre Verwendung deshalb sorgfältig planen.

Schritt 6 – Aufzählungspunkte

Verwenden Sie maximal fünf Punkte
- auf nur zwei Ebenen,
  - also so,
    » und nicht so – das ist einfach zu viel.

Hüten Sie sich vor klischeehaften, unpassenden oder missverständlichen Aufzählungszeichen. Früher habe ich Unterpunkte zum Beispiel meist mit Gedankenstrichen kenntlich gemacht, bis mir jemand sagte:»Ich wünschte, Sie würden ein anderes Zeichen verwenden. Ich bin gelernter Buchhalter und muss jedes Mal, wenn ich einen Gedankenstrich sehe, an ein Minus denken.« Im Grunde kann so gut wie alles – zum Beispiel auch Ihr Logo – als Aufzählungszeichen dienen. Ich würde Ihnen allerdings von allzu raffinierten oder ausgefallenen Symbolen abraten. Da Aufzählungspunkte naturgemäß eher klein sind, werden komplexere Motive schnell undeutlich. Aufzählungspunkte sollten wie der Hintergrund psychologisch unsichtbar sein – deutlich erkennbar, aber ohne besondere Aufmerksamkeit zu erregen.

Wir wissen bereits, dass
- Aufzählungszeichen erheblich besser wirken, wenn sie eine Linie bilden.

Streichen Sie deshalb alle unnötigen Wörter:
- Einzeilige Formulierungen für größtmögliche Wirkung.

Das Kürzen wird Ihnen leichter fallen, wenn Sie sich keine Sorgen um die Grammatik machen, auf den direkten und den indirekten Artikel – *der, die, das, ein, eine* – verzichten und nach Möglichkeit mit Symbolen und Abkürzungen wie »&« für »und« arbeiten.

Schritt 7 – Animation

Hier lautet die einfache Regel: Im Zweifelsfall gegen die Animation. Ich habe bereits erklärt, wie wichtig es ist, den klaren Fokus immer auf den Punkt zu legen, den Sie gerade behandeln. Im Allgemeinen benötigen Sie dazu eine einfache Animation wie »Erscheinen«.

Auch hier ist die Gefahr groß, dass man sich von PowerPoint leiten oder gar verleiten lässt, da das Programm alle erdenklichen Animationseffekte anbietet – weil es das eben *kann*. Ich sagte ja bereits, dass Austin und Gaskins bei der Erfindung ihres Präsentationsprogramms mehr Wert auf die Technik als auf gute Präsentationsgepflogenheiten legten; ihre Nachfolger haben sich bei der Animationspalette aber wirklich ins Zeug gelegt. Ein paar Effekte können – in kleinen Dosen – sehr nützlich sein. Wenn Sie zum Beispiel einen besonderen Zeitungsausschnitt zeigen möchten, könnte es durchaus passen, ihn wie in einem alten Film ins Bild wirbeln zu lassen. Beim zweiten, dritten und vierten Mal sollten Sie auf diesen Effekt allerdings lieber verzichten.

Dass der Effekt beim ersten Mal funktioniert, liegt hauptsächlich an einer Mischung aus Überraschung und Andersartigkeit. Im Falle einer Wiederholung ist er freilich weder überraschend noch anders. Wenn die Leute erst einmal mit einem bestimmten Effekt rechnen, werden Sie schnell merken, dass die Präsentation ins Stocken gerät, während alle darauf warten, dass die Animation ihre kleine Show vollführt. Animationen können schnell lästig und zu einer Ablenkung werden. Ich sage: »*Sie* sind die Show. PowerPoint spielt bestenfalls eine Nebenrolle.« Das Programm soll wie die traditionelle Assistentin des Zauberkünstlers dafür sorgen, dass wir eine gute Figur machen, aber nicht selbst nach Lachern und Applaus heischen.

Sie werden – um wieder einen ernsteren Ton anzuschlagen – auch oft feststellen, dass die Animation einfach nicht zu Ihrem Sprechrhythmus passt. In diesem Fall ist eine sorgfältige Abstimmung mit dem Bild auf der Leinwand sinnlos und wird Sie als Sprecher sogar eher verunsichern. Ich verdeutliche dies mit meiner Winston-Churchill-Parodie: »Wir werden auf den Dünen kämpfen.« Ich beginne zunächst in Churchills Tempo, gerate dann aber absichtlich ins Stocken, weil ich warten muss, bis der nächste Punkt an seinen Platz hüpft.

Schritt 8 – Schaubilder und Diagramme

Halten Sie Schaubilder und Diagramme zu Präsentationszwecken so einfach wie möglich. Alles, was über vier oder fünf Elemente hinausgeht, schmälert ihre Wirkung. Auch in diesem Fall können Sie eine ausführlichere Version der Darstellung mit allen Angaben in Ihr Thesenpapier aufnehmen.

Das Thema Leserlichkeit bedarf bei PowerPoint der besonderen Aufmerksamkeit, da nicht alles, was auf einem Blatt Papier oder auf einem Computerbildschirm funktioniert, zwangsläufig auch als Projektion auf der Leinwand gut aussieht, wo kleine Details und wichtige Achsenbeschriftungen manchmal nur schwer zu erkennen sind. Erinnern Sie sich an Kapitel 4.6 und das, was ich bei der Zauberervereinigung *The Magic Circle* von Ali Bongo gelernt habe: »Die Strichbreite ist wichtiger als die schiere Größe.« Wie wertvoll dieser Tipp tatsächlich ist, wurde mir beim nächsten PowerPoint-Einsatz klar. Wenn das Programm zum Beispiel ein Liniendiagramm erstellen soll, liefert es eine Grundversion, die Sie nach Ihren Bedürfnissen gestalten müssen.

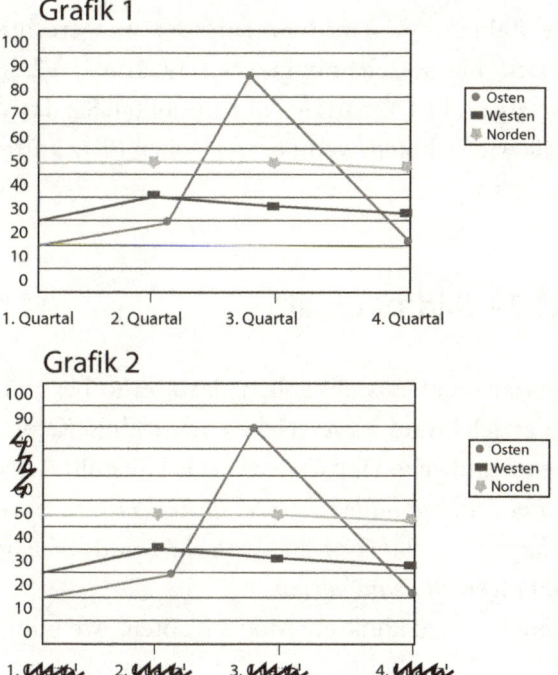

Grafik 1 mag auf dem Computerbildschirm und auf einem Ausdruck gut zu erkennen sein, aber versuchen Sie einmal, sie auf
die Leinwand zu projizieren. Da die Linien sehr dünn sind, werden sie kaum zu sehen sein. Achten Sie bei Schaubildern und
Diagrammen deshalb nicht nur auf Schlichtheit, sondern ziehen
Sie auch ernsthaft in Erwägung, die Linien zu verbreitern und
alle Daten fett zu setzen (siehe Grafik 2). Wenn das Publikum
die Details nicht lesen kann, wird es Ihnen kaum gelingen, Ihren Standpunkt deutlich zu machen.

Entfernen Sie zum Schluss alles Überflüssige. Wie viele der
Zahlen zwischen 1 und 100 werden entlang der senkrechten
Achse tatsächlich benötigt? In diesem Beispiel enthält der Bereich zwischen 50 und 90 keine Daten, wozu brauchen Sie dann
all diese Zahlen am Rand? Entlang der waagerechten Achse
finden sich die Bezeichnungen »1. Quartal«, »2. Quartal«,
»3. Quartal« und »4. Quartal«. Warum sollten Sie das Wörtchen
»Quartal« wiederholen, wenn es wertvollen Platz kostet und für
Ablenkung sorgt?

Schritt 9 – Bildmaterial

Bildmaterial dient ausschließlich dazu, eine bestimmte Wirkung zu erzielen und zu verstärken. Ich widme Kapitel 4.6 diesem Thema und gebe Tipps, wie visuelle Hilfsmittel dazu beitragen können, *Sachverhalte zu verdeutlichen*, *Details zu vermitteln*,
Vergleiche und Metaphern zu verstärken und *offen gebliebene
optische Fragen zu beantworten*.

Hier noch einige konkrete Möglichkeiten, wie bildliche Darstellungen in PowerPoint verwendet werden können:

- Als **diskrete Wiederholung:** Ich habe ja bereits erklärt, wie wichtig Wiederholungen sind und dass sie unaufdringlich sein sollten, um effektiv zu sein, statt eventuell sogar zu stören. Dies lässt sich mit einem Bild erreichen, das wiederholt und möglicherweise sogar in reduziertem Umfang auftaucht.

- Um ein **Motiv zu untermauern:** Mit Bildern lassen sich Motive einführen und im Laufe der Präsentation weiterentwickeln, um ihnen Leben einzuhauchen. Ich könnte den Abschnitt *Aufbau* in meinen Seminaren zum Beispiel mit dem Bild eines Ziegelsteinhaufens beginnen, aus dem im Laufe meiner Ausführungen nach und nach ein Haus entsteht.

- Zur **Gliederung:** Abbildungen können den Beginn einer Rubrik oder eines »Kapitels« markieren und sich bis zum Ende durchziehen. Meine Seminare gliedern sich zum Beispiel in die Abschnitte *Aufbau, Vorbereitung* und *Vortrag.* Sie werden in der begleitenden PowerPoint-Präsentation von entsprechenden Bildern eingeleitet, die dann so lange klein in einer Ecke mitlaufen, bis das Thema wechselt.

- Zum **Auflockern und Beleben** – von Listen, die andernfalls endlose Reihen von Aufzählungspunkten sein können: Sobald Sie alle oben genannten Hinweise berücksichtigt haben, sollten Sie Ihre Präsentation noch einmal überprüfen, wo Sie sie noch lebendiger gestalten können und wo sich automatisch die Gelegenheit zur Verwendung von Bildmaterial ergibt. Achten Sie auf Einheitlichkeit und fügen Sie überall dort ein Bild ein, wo Sie auf eine merkliche Lücke stoßen.

Schritt 10 – Einheitlichkeit

Im letzten Schritt – und es sollte ein letzter Schritt sein – müssen Sie Ihre Präsentation vor allem in folgenden Punkten auf Einheitlichkeit prüfen:

- Text – im Hinblick auf Stil und Grammatik
- Aufzählungszeichen
- Schriftgröße und -stärke von Überschriften und Text
- Farben
- Abstände und Layout im Allgemeinen

Die meisten dieser Anforderungen lassen sich am einfachsten dadurch erfüllen, dass Sie mit einer guten Vorlage arbeiten, die Ihnen den größten Teil der Arbeit abnimmt und Sie zu einer gewissen Disziplin zwingt. Im Rahmen der Einheitlichkeitsprüfung können Sie auch ein letztes Mal an Ihren Formulierungen und der Wortzahl feilen und alles Überflüssige streichen, um die maximale Wirkung zu erzielen.

Auf den Punkt gebracht

PowerPoint kann ein wunderbares Werkzeug sein, wenn Sie es mit einfachen Mitteln in seine Schranken weisen und dafür sorgen, dass es für Sie *arbeitet*, statt Sie anzutreiben.

Teil II

VORBEREITUNG

Ich habe den ersten Teil mit der Vorbemerkung versehen, dass die drei Elemente *Aufbau, Vorbereitung* und *Vortrag* meiner Ansicht nach gleichermaßen wichtig sind. Inzwischen sollte offensichtlich sein, wie vordringlich es ist, wirklich Zeit in den *Aufbau* zu investieren, aber vielleicht fragen Sie sich ja: Muss ich mich wirklich länger mit der *Vorbereitung* beschäftigen? Ich habe eine gute Assistentin und muss ein Unternehmen führen, da kann ich diesen Teil doch bestimmt anderen überlassen!

Es ist zweifellos ein großer Vorteil, wenn Sie ein gutes Team haben, das Sie unterstützt. Aber so wie der Pilot die Maschine vor jedem Flug selbst kontrolliert und der Hochseilartist das Seil selbst spannt, legt auch der Zauberkünstler seine Requisiten immer selbst zurecht. Falls Sie diese Vergleiche für etwas extrem halten, müssen Sie nur daran denken, dass bestimmte Präsentationen für Menschen, die Sie persönlich kennen oder von denen Sie gelesen haben, beruflich durchaus eine Frage von Leben oder Tod waren – auch wenn Sie diese Erfahrung selbst noch nicht gemacht haben. Bedenken Sie auch, wie leicht sich eine Sache hätte anders entwickeln können, wenn ein winziges Detail übersehen worden wäre. Vielleicht waren Sie so sehr mit dem Proben beschäftigt, dass Sie vergaßen, den Wagen zu bestellen. Ihre Zielperson entpuppte sich als Skandinavier und schrieb sich »Andersen«, nicht »Anderson«, wie Sie angenommen hatten und wie sowohl auf der Leinwand als auch in Ihrem Dokument zu lesen war. Sie hatten den zeitlichen Ablauf Ihrer Präsentation nicht richtig geplant, sodass es zwar schien, als hätten Sie sich von dem Fauxpas mit Mr. Andersens Name erholt, er nun aber noch vor Ihrem großen Finale aufbrechen musste.

Wir hören regelmäßig, beim geschäftlichen Erfolg käme es auf die Kleinigkeiten an. Das Gleiche gilt für die Katastrophe, wenn wegen eines winzigen Details wie eines einzigen Buchstabens in einem Namen alles in die falsche Richtung läuft. Zauberkünstler sind sich des Prinzips von Murphys Gesetz bestens bewusst, dass *alles, was schiefgehen kann, auch schiefgehen wird*, denn ihre Arbeit birgt naturgemäß ein riesiges Potenzial für Desaster aller Art. In der Tat verweist eine der frühesten Quellenangaben für Murphys Gesetz in einer wissenschaftlichen Studie auf den Leitartikel des britischen Bühnenmagiers Nevil Maskelyne, der im Jahr 1908 in der von der Zaubervereinigung *The Magic Circle* herausgegebenen Zeitschrift *The Magic Circular* erschienen ist. Er schrieb:

Alle Menschen haben schon einmal die Erfahrung gemacht, dass bei einem besonderen Anlass, etwa der ersten öffentlichen Aufführung eines Zaubertricks, alles, was schiefgehen *kann*, auch schiefgehen *wird*. Ob wir dies nun der Böswilligkeit der Materie oder der Tücke des Objekts zuschreiben müssen, ob die Ursache Eile, Sorge oder etwas anderes ist, der Umstand bleibt bestehen.

An dieser Stelle kommt es auf Folgendes an: Abgesehen davon, dass es nötig ist, mögliche Probleme vorauszusehen, erhöhen Nervosität und Anspannung die Wahrscheinlichkeit, dass etwas schiefläuft. Probleme werden deshalb am ehesten in Situationen auftreten, die von besonderer Bedeutung für Sie sind.

Kapitel 7

Vorüberlegungen

Wer, wo und wie lange?; Ausrüstung; Umgang mit Nervosität

Bevor Sie sich auf geschäftliche Kommunikationen jedweder Art einlassen, müssen Sie sich drei wichtige Fragen stellen: *Wer? Wo?* und *Wie lange?* Die eingehende Beschäftigung damit wird Ihnen helfen, Ihre Präsentation besser auf die jeweilige Situation zuzuschneiden. Umgekehrt könnte ein Mangel an Aufmerksamkeit in diesen Bereichen leicht ins Verderben führen.

7.1 Vor wem und wie vielen werden Sie sprechen?

Wenn Sie sich erst jetzt allmählich der Frage nach Ihren Zuhörern widmen, haben Sie die Prioritäten falsch gesetzt. Das Publikum ist der wichtigste Faktor in jeder Kommunikation und sollte deshalb auch die treibende Kraft beim *Aufbau* sein. Sie sollten sich inzwischen unter anderem mit folgenden Schlüsselfaktoren beschäftigt haben:

- Welche Vorstellungen und Erwartungen Sie wecken (Regel 1 – Welche »Dateien« öffne ich in den Köpfen meiner Zuhörer?) – Kapitel 2.1
- Wie die Faktoren Prestige, Atmosphäre, Ambiente und Wunsch dazu beitragen können, diese Vorstellungen und Erwartungen zu stärken oder zu schwächen (Regel 2) – Kapitel 2.1
- Wie Sie an die Vorkenntnisse Ihres Publikums anknüpfen können (Regel 3 – vertraute Anknüpfungspunkte) – Kapitel 2.2
- Welche Elemente der Veränderung bedürfen, damit Ihr Vortrag besser zu diesem speziellen Publikum passt. Fachjargon? Komplexität? Kulturelle Referenzen? Sonstiges? – Kapitel 2.3
- Wie Sie dafür sorgen können, dass Ihre Botschaft für dieses Publikum eine Bedeutung bekommt. Vermutlich durch Personalisierung (Regel 4) – Kapitel 2.4
- Welcher Ansatz bei Ihrem Publikum am besten ankommen wird. Dramatisch oder schlicht? Ausführlich oder knapp? Mit der neuesten Technik oder traditionell präsentiert? – Kapitel 2.5

Dies ist der richtige Zeitpunkt, um zu prüfen, ob Sie alle Möglichkeiten in Erwägung gezogen haben, Ihre Präsentation auf die speziellen Bedürfnisse des Publikums zuzuschneiden, an das Sie sich in Kürze wenden werden.

7.2 Wo werden Sie sprechen?

Ich möchte noch einmal wiederholen, dass Sie zumindest eine ungefähre Vorstellung davon haben sollten, wo Sie sprechen werden, bevor Sie mit dem Aufbau Ihrer Präsentation beginnen. Denken Sie an die Geschichte von der Präsentation in der entspannten Atmosphäre von Richard Bransons Haus. Sie zeigt, wie wichtig der Ort für den allgemeinen Charakter Ihres Vortrags sein kann – und dass er ihn mitunter sogar diktiert.

Ich lege den Leuten immer ans Herz, vor der Präsentation nach Möglichkeit die Räumlichkeiten zu besichtigen. Dabei lassen sich grundlegende Dinge klären und zum Beispiel die Position und die Vorzüge wichtiger optischer Schwerpunkte einschätzen, die Positionen von Referent und Publikum bestimmen, die Größe der visuellen Hilfsmittel festlegen und Kontakt mit dem technischen Personal aufnehmen.

Ortskenntnis ist der Schlüssel zur Bekämpfung der Nervosität

Eine Ortsbesichtigung hat natürlich noch weit größere Vorteile. Ein Blick auf die Räumlichkeiten kann auch dann von großem Nutzen sein, wenn der Gedanke an die bevorstehende Präsentation Sie nervös macht. Es ist völlig normal, dass man vor einem Vortrag aufgeregt ist, und Erfahrung ist nicht immer eine Hilfe – Tony Blair ist vor Reden noch immer nervös. Fürs Protokoll: Die Schuldige ist die Amygdala im inneren Teil unseres Gehirns. Wenn wir glauben, in Gefahr zu sein, bereitet sie uns darauf vor, anzugreifen oder zu fliehen. Sie veranlasst die Ausschüttung von Hormonen im ganzen Körper und mobilisiert zusätzliche Kräfte, damit wir die Bedrohung bekämpfen oder davor fliehen können. Unterdessen werden andere wichtige Funktionen – wie die Fähigkeit zu sprechen – abgeschaltet. All dies ist hochinteressant, aber Sie befinden sich kurz vor einer Präsentation, die für Ihre Karriere ausschlaggebend ist, und Ihre Nerven spielen verrückt. Was also können Sie *tun*?

Sie müssen verstehen, dass die Angst vor dem Ungewissen die wichtigste Ursache für Lampenfieber ist. Deshalb müssen Sie sich mit der Situation vertraut machen – indem Sie sich den Veranstaltungsort ansehen. Abgesehen von den bereits genannten Vorteilen, die eine grundlegende Planung mit sich bringt, gibt Ihnen dies die Möglichkeit, sich die Situation während der Vorbereitung und der Proben bildlich vorzustellen. Ihnen schwirren keine vagen Möglichkeiten durch den Kopf, wie es werden könnte, sondern Sie können sich ganz genau vorstellen, wie es tatsächlich sein wird, und dies bei Ihren Proben bis ins Detail nachstellen. Mit zunehmender Vertrautheit werden Sie sich in der Situation auch immer wohler fühlen.

Ich habe mehrfach erlebt, wie vorteilhaft es ist, die Räumlichkeiten vorab zu besichtigen, um sich damit vertraut zu machen. Besonders eindrucksvoll war meine Erfahrung anlässlich der Prüfung für die Vollmitgliedschaft in der Zauberkünstlervereinigung *The Magic Circle*. Ich sollte im *Devant Room* in den Räumen des *Magic Circle* in London eine zwölfminütige Vorführung vor einer Reihe von Mitgliedern halten, umgeben von den Ikonen der Zauberkunst. Ein beängstigender Gedanke – ich würde im Hauptquartier des führenden magischen Zirkels der Welt vor Menschen auftreten, die alle meine Tricks kannten – und vieles mehr. Zum Glück war Jack Delvin, treues Mitglied und seit 2009 auch Präsident der Zaubervereinigung, mein

Mentor. Er hatte bereits zu Hause mit mir trainiert und schlug vor, dass die letzte Phase der Vorbereitung aus einer Generalprobe im *Devant Room* selbst bestehen sollte. Als ich dort aufbaute, wusste ich sofort zu würdigen, wie hilfreich es war, wenn man einen Eindruck von der Umgebung, der Beleuchtung und der Akustik bekam. Ich hatte allerdings nicht damit gerechnet, dass Jack bei dieser Gelegenheit die Anwesenden in den Clubräumen auffordern würde: »Alle mal herkommen, hier gibt es eine Zaubervorführung zu sehen.« Mit einem Mal standen die verschiedensten Zauberkünstler vor mir. Einige davon waren die Besten auf ihrem Gebiet, der eine oder andere war sogar ziemlich berühmt. Ich hatte keine andere Wahl, als mit meiner Vorstellung zu beginnen, aber ich überstand die Tortur. Bei der echten Prüfung zwei Wochen später – am gleichen Ort und vor ähnlichem Publikum – hatte sich der Faktor Angst weitgehend erledigt, weil ich das alles bereits kannte. Ich bestand.

Natürlich ist es nicht immer möglich, die Räumlichkeiten im Vorfeld zu besichtigen, aber in den meisten Fällen klappt es. Wenn Sie zum Beispiel an einer Wettbewerbspräsentation teilnehmen, können Sie bei der Vorbesprechung immer fragen: »Falls wir eingeladen werden, wird die Präsentation dann in diesem Raum stattfinden?« Oder: »Würden Sie uns, bevor wir gehen, bitte noch den Raum zeigen, in dem die Präsentation stattfinden wird?« Bei Tagungsstätten oder Hotels kann man sich die Räumlichkeiten meist im Internet ansehen und sich einen vernünftigen Eindruck davon verschaffen.

Als ich eine Präsentation für das *Communication Directors' Forum* vorbereitete, das an Bord eines Schiffes stattfinden sollte, war ich unruhig. Ich konnte mich nicht umsehen, da das Schiff irgendwo im Südatlantik schipperte. Bei einem Anlass aber war ich ungewöhnlich nervös: Ich war gebeten worden, wie üblich zu erklären, wie sich die Regeln der Zauberkunst auf die Unternehmenskommunikation übertragen ließen. Allerdings stammte die Einladung dieses Mal von Adrian Chiles für seine BBC-Sendung *Working Lunch*. Da ich noch nie im Fernsehen gewesen war, empfand ich zum ersten Mal seit langer Zeit wieder Nervosität und geriet in Panik. »Hör auf deinen eigenen Rat«, sagte ich zu mir, »und sieh dir die Räumlichkeiten an.« Aber natürlich kann man nicht einfach in den Studios der BBC herumschnüffeln. Dann fiel mir ein, dass ich mir die Räumlichkeiten sehr wohl ansehen konnte. Ich zeichnete eine Sendung auf und fand mühelos heraus, dass man mich entweder an den großen Tisch setzen würde, der am Anfang und am Ende der Sendung im Bild war, oder – und das war wahrscheinlicher – an dem kleineren Couchtisch platzieren würde, der im Mittelteil zu sehen war. Dann überlegte ich: Konnte ich mich von links nach rechts platzieren? Konnte ich mich über den Tisch beugen, wenn ich bei einem Zaubertrick mit dem Moderator zusammenarbeiten musste? Würde die Kamera auch die Requisiten erfassen? Vor allem aber wurde mir klar, dass die ganze Sache im Sitzen stattfinden würde, was eine unnatürliche Position für mich war. Es würde sich merkwürdig und beunruhigend anfühlen, meinen Vortrag im Sitzen halten zu müssen, da ich üblicherweise im Stehen arbeitete. Aus diesem Grund baute ich zu Hause alles genau so auf, wie es vermutlich auch im Studio von *Working Lunch* sein würde, und probte vor meinem Auftritt eine Woche lang auf diese Weise. In der Sendung selbst ging alles ganz einfach – weil ich mit dem Szenario so vertraut war.

7.3 Wie viel Zeit haben Sie?

Den wichtigsten Punkt werden Sie bereits während des *Präsentationsaufbaus* geklärt haben:

Die Überarbeitung. »Killen« Sie alle »Darlings« – Geschichten, Fakten und visuelle Hilfsmittel, die Ihnen am Herzen liegen, aber gestrichen werden müssen, wenn sie Ihre Aussage nicht unmittelbar unterstützen. Zauberkünstler wissen vermutlich besser als jeder andere: »Was nicht hilft, schadet.«

Zu diesem Zeitpunkt werden Sie wahrscheinlich weitere »Lieblinge« opfern müssen, da die Zeitplanung in den meisten Fällen entscheidend ist. Man wird Ihnen einen festen Zeitrahmen vorgeben, und wenn Sie ihn überschreiten, werden Sie Ihr Publikum mit an Sicherheit grenzender Wahrscheinlichkeit verärgern – und möglicherweise sogar die weiteren Pläne aller Anwesenden durcheinanderbringen. Vergessen Sie auch nicht, dass Anfang und Ende dem Publikum im Gedächtnis bleiben und Sie deshalb auf einen Höhepunkt hinarbeiten, der die Anwesenden mit Ihren Kernbotschaften entlässt. Wenn Sie sich beeilen oder gar Ihren Schluss kürzen müssen, werden Sie Ihres Höhepunkts beraubt. Bedenken Sie auch, dass die meisten Menschen es Ihnen danken werden, wenn Sie sich kürzer fassen als geplant, was auch eine gewisse Flexibilität ermöglicht.

Bestehen Sie deshalb darauf, dass man Ihnen einen Zeitrahmen vorgibt, stimmen Sie Ihre Proben sorgfältig darauf ab und seien Sie willens, weitere »Darlings« zu streichen.

7.4   Die Ausrüstung

Viele Zauberkünstler sind stolz darauf, so wenige Requisiten zu verwenden wie möglich, und Zauberhändler werben mit Slogans wie »Kleine Verpackung, grosse Wirkung« für ihre Produkte. Ein solches Vorgehen hat viele Vorteile, der größte aber ist, dass weniger schiefgehen kann und man von weniger abhängig ist, wenn die ganze Ausrüstung verloren geht.

Der wichtigste Hinweis zum Thema Ausrüstung lautet: Lassen Sie nicht zu, dass sie Ihnen in den Rücken fällt. Nehmen Sie sich vor der Technik in Acht – dem wohl größten Beweis für Murphys Gesetz, dass *alles, was schiefgehen kann, auch schiefgehen wird*. Wie viele Präsentationen haben Sie gesehen, bei denen die Technik den Referenten im Stich ließ? Selbst wenn sich das Problem beheben lässt, hat ihn die Sache meist aus dem Gleichgewicht gebracht, und er muss nun versuchen, den verlorenen Boden gutzumachen.

Halten Sie es also ganz einfach. Wenn ich einen Filmausschnitt zeigen möchte, verwende ich dafür meist ein zusätzliches DVD-Gerät statt meines Laptops. Dem einen oder anderen mag dies umständlich vorkommen, ich dagegen fühle mich sehr viel souveräner, wenn ich weiß, dass ich reibungslos von PowerPoint zu DVD wechseln kann und umgekehrt. Darüber hinaus kann ich sehen, dass auf dem DVD-Gerät der richtige Ausschnitt eingestellt und abspielbereit ist. Für Toneinspielungen verwende ich meist einen iPod mit Lautsprechersystem, statt mich darauf zu verlassen, dass mein Laptop eine weitere Funktion ausführt.

Fragen Sie sich jedes Mal, wenn Sie ein Gerät verwenden: Wie sehr trägt es tatsächlich zur Wirkung meines Vortrags bei? Ist es die zusätzliche Arbeit und den zusätzlichen Stress wert? Könnte es sogar vom roten Faden meiner Präsentation ablenken? Packen Sie zu guter Letzt einen Fallschirm ein. Was werden Sie tun, wenn etwas schiefgeht? Falls die Präsentation auf einem Laptop gespeichert ist, sollten Sie immer einen USB-Stick mit einer Kopie dabeihaben. Wenn Ihr Laptop versagt oder verloren geht, können Sie den Stick an ein geliehenes (oder Ersatz-)Laptop anschließen. Wie aber reagieren Sie, wenn der Strom ausfällt oder wichtiges Bildmaterial verloren geht? Könnten Sie auch ohne Hilfsmittel eine glaubhafte und effektive Präsentation abliefern? Sofern Sie sich Gedanken darüber gemacht haben, wird es Ihnen vermutlich irgendwie gelingen. Haben Sie ein solches Szenario dagegen nicht berücksichtigt, werden Sie so gut wie sicher ins Straucheln geraten.

Um sich das Leben so leicht wie möglich zu machen, empfehle ich, die eigene Ausrüstung mitzubringen. Ich tue dies so oft wie möglich. Ich bringe alles mit – einschließlich Beamer und Leinwand. So weiß ich genau, was ich tun muss. Ich kann sicher sein, dass alle Geräte kompatibel sind, und kann die Leinwand an der optimalen Stelle aufbauen, statt mich mit einer festen Position zufriedengeben zu müssen, die irgendjemand in grauer Vorzeit festgelegt hat.

Leinwände, Bildschirme und ihre Positionierung

Zur Planung der Größe von Projektionsflächen gibt es eine einfach Formel, die sogenannte Sechserregel: Der Abstand zwischen der Projektionsfläche und der am weitesten entfernten Person im Raum sollte nicht größer sein als Leinwand- oder Bildschirmgröße mal sechs. Bei einem zehn Meter tiefen Raum sollte die Projektionsfläche deshalb mindestens eineinhalb Meter in der Diagonale betragen. Der Referent ist meist am besten zu sehen und hat den größten Bewegungsspielraum, wenn sich die Bildwand in einer Ecke befindet.

Flachbildfernseher werden zwar immer beliebter, doch wenn ich die Wahl habe, arbeite ich nach Möglichkeit am liebsten mit einem Beamer. Denn obwohl die Bildschirme täglich größer werden, sind sie meist erheblich kleiner als Projektionsflächen und die Bildgröße lässt sich nur geringfügig verändern. Darüber hinaus sind sie meist an der Wand angebracht und so manches Mal kann der Abstand zum Publikum recht groß sein. Gelegentlich sind sie zwar auf einem Gestell befestigt, aber auch das lässt sich oft nur schwer verschieben. Ausziehbare Leinwände sind ebenfalls oft fest montiert. Allerdings steht es Ihnen grundsätzlich frei, Ihre eigene Leinwand mitzubringen und dort aufzustellen, wo es Ihnen am liebsten ist. Ich rücke die Bildwand oft von der Stelle, an der sie ursprünglich aufgestellt wurde, deutlich näher ans Publikum.

Es ist grundsätzlich sinnvoll, mit dem eigenen Laptop zu arbeiten und einige grundlegende Dinge wie ein Verlängerungskabel für Laptop und Beamer, einen kleinen Werkzeugkasten und Klebeband dabeizuhaben. Genau wie meinen Lieblingsausrüstungsgegenstand – den Invertieradapter. Dieser einfache Stecker ermöglicht es Ihnen, das Kabel zwischen Projektor und Laptop mit einer Verlängerung zu koppeln. Das bedeutet, Sie können sich platzieren, wo Sie möchten (im Idealfall stehen Sie vom Publikum aus gesehen links von der Leinwand), statt von dem (meist recht kurzen) Kabel, das der Veranstalter stellt, an einen bestimmten Ort gekettet zu sein. Wenn Sie einen Mac verwenden, benötigen Sie außerdem einen entsprechenden Adapter für die Anschlüsse Ihres Computers. Nun, da Sie sich platzieren können, wo Sie möchten, stellt sich eine letzte Frage: Was machen Sie mit Ihrem Laptop, damit Sie ihn von Ihrer bevorzugten Sprechposition aus sehen und erreichen können? Vielleicht stellt man Ihnen ein Pult zur Verfügung. Möglicherweise befindet sich der vorhandene Tisch an einer geeigneten Stelle. Es könnte sogar sein, dass ein kleiner, hoher Klapptisch vorhanden ist. Damit würden Sie diesen Punkt allerdings dem Zufall überlassen, und es ist erheblich besser, wenn Sie Ihre eigene Ausrüstung mitbringen. Als Zauberkünstler habe ich das große Glück, einen sogenannten Harbin-Tisch zu besitzen – das ist ein kleiner Tisch, der sich winzig klein zusammenklappen lässt. Da sie teuer, schwer zu finden und recht zierlich sind, sollten Sie in Möbelgeschäften nach kleinen Klappmodellen Ausschau halten.

7.5 Besondere Anlässe zur Nervosität

Der letzte Punkt unserer Vorüberlegungen betrifft eine Reihe von Faktoren, die uns – zusätzlich zur Angst vor dem Unbekannten – nervös machen. Dies sind unter anderem:

- Sie sind mit Ihrem Material nicht vertraut.
- Sie halten Ihre Präsentation vor Menschen, die Sie kennen. Vor Personen, die ein unbeschriebenes Blatt für Sie sind, spricht es sich viel leichter, da Sie nicht ständig über die Vorstellungen und Pläne der Anwesenden nachdenken.
- Sie halten einen Vortrag, der von einem anderen vorbereitet wurde – und ganz gleich, wie gut Sie sich mit dem

Thema auskennen, er wird Ihrem Rhythmus und Ihrer Nuancierung nicht entsprechen.

- Sie werden unerwartet unterbrochen.
- Sie haben technische Probleme.

Die gute Nachricht ist: Mit Planung und Proben lassen sich diese Faktoren verringern oder gar vollständig beseitigen, was ein zusätzlicher guter Grund ist, sich zu diesem Zeitpunkt mit dem Thema Nervosität zu beschäftigen.

Auf den Punkt gebracht

Kleine Details, die Ihnen vielleicht noch nicht einmal bewusst sind, können über Erfolg oder Misserfolg Ihrer Präsentation entscheiden. Indem Sie diese Dinge ausfindig machen, behalten Sie die Kontrolle und beruhigen zudem Ihre Nerven.

Kapitel 8

Proben

Stellen Sie die Situation nach; der Ablauf; besondere Hinweise zu den Proben; helfen Sie Ihrem Gedächtnis auf die Sprünge; stellen Sie sich auf mögliche Probleme ein; der »Starbucks-Test«

8.1   Stellen Sie die Situation nach

Unter Zauberkünstlern kursiert der Witz, bei einem unerfahrenen Magier könne man die Größe seines Wohnzimmers daran ablesen, wie viel Platz er auf der Bühne nutzt. Das heißt, dass er zwar übt, allerdings ohne die Situation nachzustellen, in der er später arbeiten wird.

Ich habe erklärt, wie wertvoll es ist, wenn man sich mit der Situation vertraut macht – um Nervosität zu überwinden und so effektiv wie möglich arbeiten zu können. Stellen Sie alles so genau wie möglich nach. Und wenn ich »alles« sage, meine ich damit auch alles: *die Anordnung des Raumes, die technische Ausrüstung, die visuellen Hilfsmittel und Requisiten, die Tageszeit und die Kleidung.*

Da das vielleicht etwas übertrieben und unnötig klingen mag, möchte ich Ihnen zwei Geschichten erzählen. Die erste handelt von einer der besten PR-Beratungen Londons, die im Mappin Pavilion im Londoner Zoo das neue Produkt eines weltberühmten Süßwarenherstellers der Fachpresse vorstellte. Zweifellos hatte man den Ort wegen seiner Originalität und der attraktiven, hellen, luftigen Räumlichkeiten gewählt. Ich wurde einmal gebeten, die Eigenschaften eines idealen Trainingsraumes zu nennen, und habe »Raum mit Fenstern« ganz oben auf meine Liste gesetzt. Nichts raubt mehr Energie als länger in einem fensterlosen Raum zu sitzen. Andererseits lassen auch die Wörtchen »hell« und »luftig« bei mir die Alarmglocken schrillen.

Als der Produktgruppenleiter in diesem Fall mit seiner PowerPoint-Präsentation begann, lief alles hervorragend. Das Präsentationsprogramm war für seinen Vortrag unerlässlich, da er Diagramme zeigen, Zahlen vergleichen und Neuerungen bei der Verpackung recht kleiner Produkte darstellen musste. Nach einigen Minuten machte er eine wichtige Aussage über die Marktsituation, die er mit den Worten schloss: »Wie Sie hier sehen können ...«, um zu einem Diagramm überzuleiten. Ausgerechnet in diesem Augenblick kam die Sonne hinter einer großen Wolke hervor. Ihre hellen Strahlen fielen auf die Leinwand und machten sein Diagramm so gut wie unsichtbar. Ihr Timing war so präzise, dass der Referent, wie ich zu seiner Ehrenrettung sagen muss, beinahe ohne merkliche Verzögerung hinzufügte: »Wie Sie hier sehen können ... oder vielleicht auch nicht.« Die nachfolgende Präsentation wurde von der Sonne allerdings buchstäblich ausgelöscht. Der Mann wurde immer nervöser und sagte Dinge wie: »Sie können das jetzt nicht sehen, aber ...«

Auch die zunehmend hektischeren, aber fruchtlosen Versuche seines PR-Teams, die Sonne auszusperren, waren alles andere als eine Hilfe. Das war wirklich Pech. Bis auf einmal unerwartet die Sonne durchgebrochen war, war es ein dunkler Novembertag gewesen. Und das Team hatte *tatsächlich* geprobt – wenn auch zu einer anderen Tageszeit, als die Sonne an einem anderen Punkt am Himmel gestanden hatte.

Die Lektion über die Kleidung lernte ich aus eigener schmerzlicher Erfahrung. Es gehört zur Standardpraxis, dass man Referenten davon abrät, bei Präsentationen neue Kleidungsstücke zu tragen. Schließlich soll die Situation so vertraut wie möglich sein, und eine neue Garderobe arbeitet dem entgegen. Bei meinem speziellen Kleidungsproblem ging es im Grunde um das Management von Requisiten und technischer Ausrüstung. Ich sollte in einem großen Hörsaal sprechen und wusste, dass man mich bitten würde, mit einem Ansteckmikrofon zu arbeiten, dessen Akku unauffällig in einer Tasche verschwindet. Ich arbeitete ohne Sakko und hatte deshalb vor, den Akku in meiner linken Gesäßtasche zu verstauen, damit mir die rechte für ein paar kompliziert geordnete Karten zur Verfügung stand und ich sie reibungslos hervorholen konnte, um einen überraschenden Höhepunkt zu schaffen.

Am Tag der Veranstaltung aber trug ich die »falsche« Hose. Sie hatte nur eine Gesäßtasche – und die brauchte ich für meine Karten. Ich konnte auch nichts weiter hineinstecken, da ich befürchten musste, dass ich beim Herausziehen der Karten daran hängen blieb. Den Akku steckte ich deshalb in den Hosenbund, allerdings begann er nach etwa der Hälfte der Präsentation, an einem meiner Beine hinunterzurutschen. Ich machte einfach weiter und glaube nicht, dass irgendjemand etwas gemerkt hat.

Aber ich war ein wenig verunsichert und von da an natürlich in meiner Bewegungsfreiheit eingeschränkt. Wenn man das Szenario – so genau wie möglich – nachstellt, findet man mögliche Fehlerquellen. Vor allem aber hilft es, sich mit der Situation vertraut zu machen.

8.2 Der Ablauf

Unklarheiten – also wenn das Publikum bestimmte Wörter wegen der undeutlichen Aussprache des Referenten falsch versteht – entstehen häufig, wenn dieser unter Druck steht. Zauberkünstler nutzen dies freilich zu ihrem Vorteil. Wenn ein Freiwilliger gebeten wird, seine Lieblingskarte zu nennen, und sich zum Beispiel für das Herz-Ass entscheidet, könnte der Zauberer stolz eine einzelne Karte aus dem Umschlag ziehen, die sich als Herz-*Acht* entpuppt. Er gibt vor, sich verhört zu haben, tut dann etwas wirklich Magisches und verwandelt die falsche Karte in die richtige – das Herz-Ass.

In einer perfekten Welt – und ich bin mir vollkommen im Klaren, dass wir nur selten in einer solchen leben – sollten Sie drei Stufen der Vorbereitung durchlaufen und es anschließend gut sein lassen:

Stadium eins – Beginnen Sie so früh wie möglich, allein für sich mit Ihren Hilfsmitteln zu proben und das Szenario nachzustellen. In diesem Stadium können Sie sehr viel erreichen, da Sie völlig unbefangen üben und ganz ohne Peinlichkeit experimentieren und Fehler machen können.

Stadium zwei – Bitten Sie einige Menschen, die Ihnen wohlge-sonnen sind und Ihnen objektiv zuhören werden, um ihre Auf-merksamkeit. Bitten Sie sie aufzuzeigen, wo zusätzlicher Klä-rungsbedarf besteht, und die Effektivität der verschiedenen Hilfsmittel zu bewerten.

Stadium drei – Inzwischen sollte Ihre Präsentation ausgefeilt und so gut wie vortragsfertig sein. Prüfen Sie sie nun auf Herz und Nieren, um festzustellen, wie gut sie Belastungen standhält. Bitten Sie im Idealfall zwei bis drei Leute, die sich gut mit dem Thema auskennen, ein paar richtig schwierige Fragen zu stellen, Kritik zu äußern und Sie an geeigneter Stelle sogar mit stören-den Zwischenrufen zu belästigen. Auch hier geht es darum, sich mit der Situation vertraut zu machen. Wenn Sie schon einmal so richtig in die Mangel genommen wurden, bewegen Sie sich auf vertrautem Terrain, wenn es tatsächlich so weit ist. Überdies werden Sie über die entsprechenden Verteidigungsmechanis-men verfügen, um jede Kritik abzuwenden, die Ihres Weges kommt.

Stellen Sie nun die Proben ein und befolgen Sie idealerweise die – wie wir Zauberkünstler sagen – »Hollingworth-Regel«, die da lautet: »Hören Sie 24 Stunden vor dem Auftritt auf zu pro-ben.« Wenn ich Menschen in Marketingagenturen von der Hol-lingworth-Regel erzähle, lachen sie und sagen: »Sie machen wohl Witze: 24 Stunden vorher schreiben wir noch am Text!« Ich weiß, was sie meinen, da ich selbst in der Branche tätig war. Trotzdem ist dies ein gutes Prinzip, das man anstreben sollte. Guy Hollingworth ist ein angesehenes Mitglied der Zauberer-vereinigung *The Magic Circle* und könnte als Zauberkünstler auf mehreren Kontinenten ein gutes Auskommen erzielen. Stattdessen verwendet er den Großteil seiner Zeit darauf, als Anwalt zu arbeiten. Er sagt, im Allgemeinen sei es kontraproduktiv, bis zum letzten Augenblick für eine Prüfung zu büffeln, und entsprechend wenig würde es bringen, in den letzten 24 Stunden noch zu proben. Nutzen Sie die Zeit stattdessen dazu, sich auszumalen, dass die Präsentation gut laufen wird, und halten Sie so Ihren Adrenalinausstoß in Grenzen, um ihn zu Ihrem Vorteil nutzen zu können.

Vergessen Sie zu guter Letzt auch nicht zu stoppen, wie lange Sie für Ihren Vortrag brauchen. Das Problem ist, dass uns das Gehirn bei Präsentationen und ihrer Länge Streiche spielt. Der eigene Vortrag wird Ihnen unter Garantie länger oder kürzer vorkommen, als er wirklich ist. Sobald Sie Ihr Zeitempfinden korrigiert haben, bauen Sie einen kleinen Puffer für die Diskussion und die kleinen Abweichungen ein, die sich bei einem gut fließenden Vortrag automatisch ergeben.

Besondere Hinweise zu den Proben

Einleitung und Schluss – Widmen Sie diesen Elementen besonders viel Aufmerksamkeit. Denken Sie an Regel 13: *Anfang und Ende bleiben in Erinnerung*. Wenn Sie einen guten Start haben, sollte alles glattgehen; wenn Sie einen schlechten Start haben, werden Sie den ganzen Vortrag lang versuchen, das wieder wettzumachen. Der Schluss ist Ihre letzte große Chance, dem Publikum Ihre Kernbotschaft nahezubringen, sie zu verankern und dafür zu sorgen, dass die Anwesenden entsprechend handeln.

Gewöhnen Sie sich daran, laut zu sprechen – Belassen Sie es
nicht dabei, den Text lediglich zu lesen, sondern sprechen Sie
ihn laut aus, um Überraschungen zu vermeiden. Manche Wörter können sich beim Sprechen unvermutet als Zungenbrecher,
manche Formulierungen als unschönes Nebeneinander entpup-
pen.

**Sprechen Sie etwas langsamer als in normalen Unterhal-
tungen** – Sprechen Sie nicht die üblichen 170 bis 180 Wörter
pro Minute, sondern lediglich 120 bis 130. Denken Sie daran:
Wenn Sie nervös und aufgeregt sind, schlägt Ihr Herz schneller,
und dadurch erhöht sich auch Ihre Sprechgeschwindigkeit. Unter Umständen müssen Sie daran arbeiten, Ihr Sprechtempo zu
drosseln. Eine Möglichkeit sind bewusste Pausen, die abgesehen
davon grundsätzlich wirkungsvoll und nützlich sind. Wenn wir
im dritten Teil zum *Vortrag* selbst kommen, werden wir uns
ausführlicher damit beschäftigen.

Betonen Sie richtig – Wenn Sie unter Druck stehen, kann es
leicht vorkommen, dass Sie bestimmte Wörter oder Satzteile
falsch betonen. Es besteht ein erheblicher Unterschied zwischen
folgenden Beispielsätzen: »*Das* ist wirklich wichtig«, und: »Das
ist *wirklich wichtig*.« Studieren Sie potenziell gefährliche Stellen
deshalb sorgfältig ein und überarbeiten Sie sie gegebenenfalls.

Gleichermaßen gilt, dass negative Formulierungen im Allgemeinen zu vermeiden sind. Sollten sie dennoch einmal nötig
sein, achten Sie darauf, die Verneinungen besonders deutlich
auszusprechen. Das Wörtchen un-nötig kann zum Beispiel
schnell wie nötig (also das Gegenteil) klingen, wenn die Vor-
silbe nicht betont wird.

Die Gefahr von Missverständnissen lauert auch bei Zahlen, Buchstaben und Erwartungen. Die Zahl 50 kann leicht falsch verstanden und für 15 gehalten werden, der Buchstabe f klingt oft wie s und da bis vor Kurzem häufiger von Millionen als von Milliarden die Rede war, können Letztere als Erstere interpretiert werden.

Verschaffen Sie sich ein Gefühl für die Technik – Stellen Sie sicher, dass Sie wissen, wie Sie alle erforderlichen technischen Geräte bedienen müssen. Sie sollten nicht nachdenken müssen, da Sie an dem Tag selbst mit den Gedanken bei wichtigeren Dingen sein werden. Sie sollten vor allem den Umgang mit der Fernbedienung beherrschen. Im besten Falle sollte Ihr Publikum gar nicht mitbekommen, dass Sie damit arbeiten. Wenn Sie daran herumnesteln, lenkt das Ihre Zuhörer ab und Sie werden nervös.

Planen Sie den Umgang mit visuellen Hilfsmitteln – Kapitel 13.3 handelt davon, wie Sie Ihr Anschauungsmaterial richtig präsentieren. Allerdings müssen Sie sich zum jetzigen Zeitpunkt bereits überlegen, wo Sie die Sachen vor ihrem Einsatz aufbewahren werden, ob eine spezielle Aufstellhilfe vonnöten ist und was Sie damit machen werden, wenn Sie zum nächsten Punkt übergehen. Die wirklich guten Zauberkünstler wissen: Wenn man sich auf diese Weise um alle Einzelheiten kümmert, kann das den Unterschied zwischen einem reibungslosen Ablauf und störender Ungeschicklichkeit machen. Es kommt darauf an, dass sowohl das Herausnehmen als auch der Aufbau und das Wegräumen der Materialien »psychologisch unsichtbar« sind. Die Handgriffe sollten so unauffällig sein, dass die volle Aufmerksamkeit bei dem bleibt, was Sie sagen.

Bereiten Sie sich auf vier Typen von Fragen vor

1. **Offensichtliche Fragen** – Unabhängig davon, wie um-
   fassend Ihre Präsentation ist, wird es immer viele offensichtliche Fragen geben, die Sie absehen und zu denen
   Sie Antworten vorbereiten und einstudieren können.

2. **Schwierige Fragen** – Überlegen Sie mithilfe von Kollegen, welche schwierigen Fragen kommen könnten,
   bereiten Sie sich darauf vor und studieren Sie die Antworten ein.

   In beiden Fällen sollten Sie mit eher breiten Fragekate-
   gorien arbeiten. Normalerweise werden Sie vermutlich
   feststellen, dass der Großteil der Fragen in ein halbes
   Dutzend verschiedene Kategorien fällt. Wenn Sie pro
   Gruppe eine gut einstudierte Antwort parat haben, sollten Sie mit Variationen innerhalb der Kategorien gut
   zurechtkommen, indem Sie im Grunde immer die gleiche Antwort verwenden.

3. **Häufig gestellte Fragen** – Hier haben Sie es im Wesentlichen mit einer abgeschwächten Version der offen-
   sichtlichen Fragen zu tun. Sie können sie immer dann
   verwenden, wenn Sie merken, dass keine Fragen kommen. Dies ist recht häufig (und aus verschiedenen
   Gründen) der Fall und sorgt dafür, dass sich alle Beteiligten unwohl fühlen. Um Schweigen oder eine Pause
   in der Fragerunde zu vermeiden, sollten Sie ein paar
   häufig gestellte Fragen vorbereiten. Brechen Sie das
   Schweigen sofort, wenn Sie merken, dass Wortmeldun-
   gen ausbleiben, mit einer Eröffnung wie: »Ich werde oft
   gefragt …«, und werfen Sie eine leicht zu beantwor-

tende Frage auf. Auf diese Weise behalten Sie in mehr
als einer Hinsicht die Kontrolle. Danach wird sich meist
jemand ein Herz fassen und eine echte Frage stellen, auf
die üblicherweise eine ganze Reihe weiterer Wortmel-
dungen folgt. Ein zögerlicher Einstieg in den Frage-
und-Antwort-Teil kommt meist dadurch zustande,
dass keiner der Erste sein will.

4. **Nachrichtenbezogene Fragen** – Denken Sie daran,
   am Tag der Präsentation zumindest die Überschriften
   der Nachrichten zu überfliegen. Sie werden glauben,
   Sie hätten keine Zeit dafür, aber diese Meldungen werden bei Ihrem Publikum gedanklich im Vordergrund
   stehen und es könnte sein, dass man Ihnen Fragen dazu
   stellen wird. Ich hatte schon Klienten, deren Unternehmen am Morgen ihrer Präsentation in den Nachrichten
   war, und als der Frage-und-Antwort-Teil begann, war
   sich nicht das gesamte Team dessen bewusst.

Zum Schluss sollten Sie entscheiden, ob Sie Fragen während der
Präsentation beantworten möchten oder ob es Ihnen lieber ist,
wenn die Zuhörer damit bis nach dem Vortrag warten. Hier gibt
es keine richtige oder falsche Lösung – es sei denn, Sie haben
einen sehr knappen Zeitplan. In diesem Fall müssen Sie an
einem strikten Frageformat innerhalb eines vordefinierten
Zeitrahmens festhalten. Ich beantworte Fragen gern während
des Vortrags, da sie mir Rückmeldung geben und die Atmosphäre auflockern. Manche Fragesteller können allerdings eine
Plage sein, da sie weder dem Referenten noch den anderen Zuhörern mit Respekt begegnen. Geben Sie deshalb niemals die
Kontrolle ab. Sobald Sie merken, dass jemand ständig auf The-

men vorgreift, auf die Sie gerade eingehen möchten, sollten Sie demjenigen erklären, dass alle seine bisherigen Nachfragen in der Präsentation beantwortet werden, und ihn bitten, sich mit seinen Fragen noch ein wenig zu gedulden.

8.3 Helfen Sie Ihrem Gedächtnis auf die Sprünge

Es wäre nicht wirklich angebracht, wenn man sehen würde, dass Zauberkünstler mit Notizen arbeiten. Es passt nicht so recht zu der Vorstellung, dass sie Vorhersagen machen, geschweige denn besondere Gedächtnisleistungen erbringen oder Gedanken lesen. Dennoch verwenden Zauberkünstler die verschiedensten Stichwortkonzepte und Eselsbrücken.

Ich möchte an dieser Stelle zunächst klarstellen, dass es vollkommen in Ordnung ist, mit Notizen zu arbeiten. Die Menschen bewundern es zwar, wenn jemand ohne Aufzeichnungen eine perfekte Präsentation hält, es ist aber keine Schande, sie zu verwenden. So mancher besonders erfahrene Redner bedient sich sogar der Taktik falscher Notizen und spielt mit einigen Kärtchen herum, um den Verdacht auszuräumen, er hätte sich nicht die Mühe gemacht, sich auf einen Anlass speziell vorzubereiten. Solange Sie nicht direkt von Ihren Aufzeichnungen ablesen, ist es in Ordnung, wenn Sie von Zeit zu Zeit einen Blick darauf werfen; es kann den Sprechrhythmus und sogar den Blickkontakt unterstützen.

Ein effektives Stichwortkonzept sollte klein und steif sein – und am besten DIN-A5-Format haben. Karteikarten lassen sich leicht aus der Hosentasche ziehen und wieder wegstecken, sie knicken nicht um, sodass der Text plötzlich verschwindet, und rascheln nicht am Mikrofon.

Das beste Format ist eine einfache Darstellung des Ablaufs in großer Schrift und mit weiten Abständen, damit ein einziger Blick auf die Karte Sie wieder auf Kurs bringt, wenn Sie plötzlich nicht mehr wissen, wie es weitergeht. Ich bezeichne dieses Hilfsmittel als »Vertrauenskarte«. Das Wissen, dass bei Bedarf ein Sicherheitsnetz vorhanden ist, stärkt Ihr Selbstvertrauen – was zur Folge hat, dass Sie es vermutlich nicht brauchen werden. Die Anordnung der Aufzeichnungen in Form eines Ablaufplans ist das Gegenteil dessen, womit die meisten Menschen zu Beginn des Trainings zu mir kommen. Oft haben sie eine dicht beschriebene Seite – oder sogar mehrere – bei sich. Gehen wir davon aus, dass sie das Geschriebene nicht unmittelbar ablesen werden, passiert meist Folgendes: Wenn die Nervosität siegt, erstarren sie für einen Augenblick, ihr Gehirn setzt kurz aus und sie wissen nicht mehr, wie es weitergeht. Ein Hilfe suchender Blick auf die Notizen nutzt nicht das Geringste, da sie lediglich eine Seite mit Kleingedrucktem sehen, obwohl ein Schlüsselbegriff – im wahrsten Sinne des Wortes ein Stichwort – genügen würde, um sie an den nächsten Punkt zu erinnern.

Auf den folgenden beiden Seiten sehen Sie Vor- und Rückseite einer Vertrauenskarte, die ich selbst angefertigt habe. In diesem speziellen Fall lag die Schwierigkeit nicht darin, dass ich nicht wusste, was ich sagen sollte. Es ging vielmehr darum, dass es in der Kürze der Zeit, die mir zur Verfügung stand, zu viel zu sagen gab, und ich radikal kürzen musste. Man hatte mich gebeten, in der *Chris Evans Show* auf BBC Radio 2 aufzutreten, und mir gesagt, ich hätte dreieinhalb Minuten, um zu erklären, wie die

Regeln der Zauberkunst Geschäftsleute in einer Rezession bei der Kommunikation unterstützen könnten. Das war sehr viel verlangt – mein kürzester Vortrag dauert 45 Minuten. Aber die Gelegenheit, direkt zu sechs Millionen Menschen zu sprechen, war zu gut, um sie ungenutzt verstreichen zu lassen. Ich behandelte die ganze Sache wie eine Mischung aus Einleitung und Schluss mit einer präzisen schriftlichen Ausarbeitung und einem Stichwortkonzept in Form eines Ablaufplans, damit ich auf Kurs blieb.

»In einer Rezession«, so sagte ich, »müssen Geschäftsleute ihre Kommunikation **straffen,** und das können sie **von den besten Zauberkünstlern lernen.** Das Problem ist, dass Menschen in einer Rezession in Panik geraten und anfangen, sich als **Tausendsassa** darzustellen – mit der Folge, dass sie an Kontur verlieren und niemand Notiz von ihnen nimmt. Zauberkünstler arbeiten hart daran, **einen klaren Fokus** zu schaffen. Geschäftsleute sollten es ihnen nachtun und sich auf **eine einfache Botschaft** konzentrieren, die sie fest im Bewusstsein ihrer Zielgruppe verankert.«

Im unteren Teil der Karte folgten zwei kurze Listen, falls Evans mich fragen würde, was mich erstens **von anderen unterscheidet,** und zweitens **Beispiele** für die erfolgreiche Übertragung dieses Prinzips auf die Geschäftswelt verlangen würde. Auf diese Weise musste ich mir nicht den Kopf nach einer passenden Antwort zermartern, da ich sofort eine Reihe von Möglichkeiten im Blick hatte.

Auf der Rückseite hatte ich mir einige Beispiele für Regeln der Zauberkunst notiert, falls ich danach gefragt wurde: *Anfang und Ende*; *von links nach rechts*; *Wörter, die Bilder malen* und so wei-

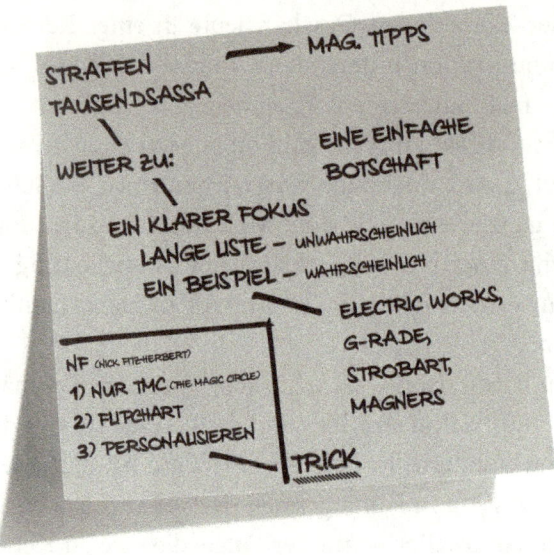

ter. Ich hatte keine Zeit, um nachzudenken oder eine Reihe von möglichen Antworten im Kopf durchzugehen. Ich musste sofort eine Lösung anbieten und dachte, dass sich diese Beispiele am einfachsten und schnellsten im Radio erklären ließen.

Meine Vertrauenskarte erfüllte ihren Zweck. Ich merkte, dass ich mein doch recht komplexes Thema in der Kürze der Zeit darlegen konnte – vorausgesetzt, ich bereitete mich darauf vor und verfügte über einen angemessenen Unterstützungsmechanismus. Der Beweis dafür, dass es funktioniert hatte, waren die vielen E-Mails, die auf mich warteten, als ich aus dem Hörfunkstudio nach Hause kam. Darunter waren Angebote aus ganz Europa, Vortragsanfragen und Erkundigungen, ob ich ein Buch über das Thema geschrieben hätte. Die Antwort auf die zweite Gruppe von E-Mails lesen Sie gerade.

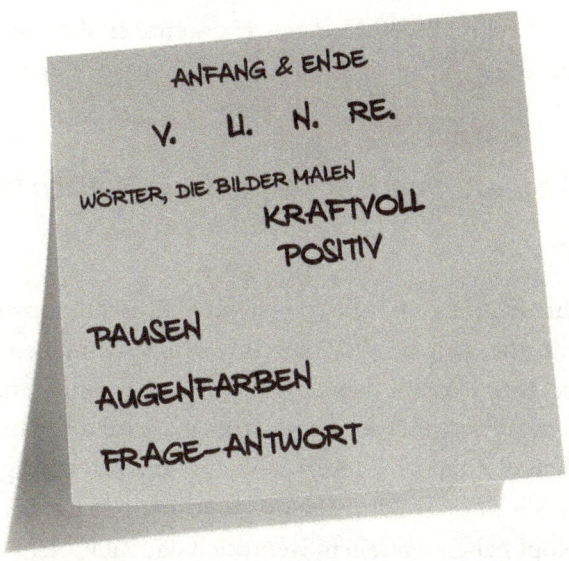

Wann Sie lieber nicht in Ihre Aufzeichnungen sehen sollten

Vermeiden Sie es ausdrücklich, in Ihre Notizen zu sehen, wenn Sie:

klarmachen müssen, dass Sie von Herzen sprechen – hier würde Sie ein Blick in Ihre Aufzeichnungen zweifellos unterminieren.

oder:

sich auf wichtige Fakten (oder Namen) zu Ihrem eigenen Unternehmen oder dem Ihres Kunden beziehen – Sie kön-

nen schlecht Mitgefühl erzeugen, wenn es den Anschein
hat, als wären Sie nicht in der Lage, sich diese Dinge zu merken.

Wann Sie die Aufmerksamkeit auf Ihre Notizen lenken sollten

Umgekehrt kann es eine äußerst effektive Präsentationstechnik
sein, wenn Sie sich bewusst auf Ihre Aufzeichnungen beziehen – und Ihre Notizen dabei deutlich sichtbar sind –, um ihre
Echtheit zu unterstreichen. Diese Strategie wird am häufigsten
bei wörtlichen Zitaten eingesetzt. Es kann unglaubwürdig scheinen, dass Sie eine verhältnismäßig lange Textpassage im Wortlaut im Kopf haben, vor allem wenn sich das Zitat nicht gut auf
der Leinwand macht. Wenn Sie die Originalquelle – vielleicht
ein Buch – zur Hand nehmen und direkt daraus vorlesen, ist das
sowohl eine gute Gedächtnisstütze als auch ein überzeugendes
visuelles Hilfsmittel. Ich bediene mich dieser Technik, wenn ich
beim Thema negative Formulierungen auf das Zeugnis meines
Sohnes verweise. Ich kann die Worte auswendig, aber ich glaube,
dass die kleine dramatische Geste, wenn ich direkt daraus vor-
lese, der Geschichte mehr Authentizität verleiht. Wenn Alastair
Campbell von den »zehn Lektionen« spricht, die er in seiner
Zeit als Tony Blairs Kommunikationschef gelernt hat, zeigt er
ein kleines Stück Papier, auf dem er diese zehn Punkte eigenen
Angaben zufolge notiert hat, als er sie lernte. Er behauptet sogar,
die Liste wiedergefunden zu haben, als er im Jahr 2010 im Zuge
der Parlamentswahlen in die Downing Street zurückgekehrt sei
und sein altes Büro ausgeräumt habe.

Referententools für PowerPoint

Wenn Sie mit PowerPoint arbeiten, müssen Sie Ihre Rede auch noch auf die Folien abstimmen. Sie *müssen* wissen, wie es weitergeht, denn je besser Ihre Worte zu den Darstellungen passen, desto größer ist die Wirkung, die Sie erzielen werden.

Zum Glück kommt in diesem Punkt die Technik dem Sprecher inzwischen zu Hilfe. Wenn Sie mit einem Mac arbeiten, sind die nötigen Funktionen für PowerPoint und Keynote bereits in Form des *Moderatormonitors* eingebaut. Normalerweise sehen Sie als Referent auf Ihrem Bildschirm genau das, was auch alle anderen auf der großen Leinwand sehen. Mittels dieses Referententools haben Sie jedoch eine völlig andere Darstellung auf Ihrem Bildschirm – die mit Notizen et cetera ausdrücklich zur Unterstützung des Referenten dienen soll.

In der linken oberen Ecke des *Moderatormonitors* befindet sich eine Uhr, die entweder die verstrichene Zeit oder die gegenwärtige Uhrzeit anzeigt. Am linken Seitenrand kann der Referent die Reihenfolge der Folien sehen. Der Rest des Bildschirms zeigt die aktuelle Folie in Großdarstellung, darunter das Fenster mit den dazugehörigen Notizen. Sie können sogar eine verkleinerte Version der nächsten Folie einblenden. Der *Moderatormonitor* gehört zweifellos zu den hilfreichsten Funktionen für Referenten überhaupt. Früher habe ich mich mit Notizzetteln herumgequält, die auf der Tastatur herumlagen und die ich für jede maßgeschneiderte Präsentation neu anfertigen musste. Dann entdeckte ich den Mac von Apple, der bereits über diese Funktion verfügte, und arbeite seither nur noch mit Mac-Computern. Während ich diese Zeilen schreibe, bietet die Funktion *Referentenansicht* auch PC-Benutzern ähnliche Möglichkeiten. Bei Open Office Impress finden sie sich unter *Presenter Console*.

Zusammenfassend lässt sich sagen, dass die *Referententools* es dem Referenten ermöglichen, mit einem Blick auf den Bildschirm

- zu sehen, wie spät es gerade ist oder wie viel Zeit bereits verstrichen ist.
- zu sehen, welche Folie gerade auf die große Leinwand projiziert wird.
- die Notizen zu dieser Folie zu sehen.
- die letzte und die nächste Folie zu sehen.

Ich kann die Tools *Referentenansicht, Moderatormonitor* beziehungsweise *Presenter Console* allen wärmstens empfehlen, die ihre Präsentationen mit PowerPoint oder Keynote beziehungsweise Open Office Impress erstellen.

8.4   Stellen Sie sich auf mögliche Probleme ein

Natürlich geht auch bei Zauberkünstlern mal etwas schief – das ist sogar recht häufig der Fall. Außerdem hat der Fehlerteufel nur wenig Respekt vor Können oder Erfahrung. Er quält die Spitzenmagier beinahe ebenso sehr wie ihre bescheideneren Kollegen, allerdings lassen sie es sich nur selten anmerken. Sie rechnen mit Problemen und kennen eine Reihe von »Hintertürchen« – Mittel und Wege, sich aus der Affäre zu ziehen, bei denen man nie auf den Gedanken käme, dass etwas nicht in Ordnung ist.

Ich sage: »Stellen Sie sich auf mögliche Probleme ein«, statt es positiver zu formulieren und etwa davon zu sprechen, wie sich Probleme *verhindern* lassen. Denn wenn Sie sich – wie wir von Murphys Gesetz wissen – einer Sache sicher sein können, dann dieser: dass Dinge schiefgehen *werden*. Daran kann auch die umsichtigste Planung nichts ändern: Sie können mögliche Fehlerquellen minimieren, aber niemals vollständig ausmerzen.

Je mehr Risiken Sie eingehen, desto größer ist natürlich auch die Wahrscheinlichkeit, dass etwas schiefgeht. Mit Risiken meine ich alles abgesehen von dem schlichtesten aller Szenarien, dass Sie aufstehen und sprechen. Die Möglichkeit, von der Technik verraten zu werden, habe ich ja bereits erwähnt. Aber jedes Hilfsmittel, jedes Signal, jede Präsentationsstrategie ist für Überraschungen gut, ganz gleich, wie gut es bei den Proben funktioniert.

Deshalb müssen Sie sich auf Probleme einstellen. Wenn Sie einen Plan haben, können Sie ihn gegebenenfalls auch umsetzen, statt in Panik zu verfallen. Wenn Sie einen Plan haben und umsetzen können, sind Sie auch am ehesten in der geistigen Verfassung, gute Miene zum bösen Spiel zu machen, während Sie sich mit dem Problem befassen. Am besten so, dass niemand überhaupt etwas davon mitbekommt.

Zauberkünstler dürften sich da wohl in einer besonders prekären Lage befinden. Sie müssen sich auf Assistentinnen, Bühnenarbeiter, Techniker und Requisiten verlassen, die allesamt Hand in Hand arbeiten müssen, um ein vermeintliches Wunder zu vollbringen. Genau wie andere Menschen, zum Beispiel Top-Nachrichtensprecher, lernen sie, angesichts von Problemen gelassen zu bleiben. Das ist der eigentliche Schlüssel, um mit Schwierigkeiten fertigzuwerden. Der Referent darf keine Überraschung zeigen, da sich diese schnell in eine leichte Panik verwandeln und den reibungslosen Ablauf der Präsentation stören kann.

Wie also können Sie diesen Ansatz auf Ihre beruflichen Präsentationen übertragen? Betrachten wir die Situation, in der ich mich befand, als die Fehlerteufel beschlossen, sich mein DVD-Gerät vorzunehmen. In meinem Seminar gibt es einen Abschnitt zum Thema kreatives Denken, in dem ich über den Entscheidungsfindungsprozess spreche. Vorab zeige ich gern einen kurzen Ausschnitt aus einer bekannten Fernsehsendung, der Menschen in einer Besprechung zeigt, die so lange über eine Entscheidung streiten, bis sie völlig aufgebracht sind, statt zu einer Übereinkunft zu gelangen. Die Filmszene ist keineswegs unverzichtbar, sondern soll lediglich als nette Einstimmung dienen und für eine gewisse Abwechslung sorgen.

Kurz bevor ich den Filmausschnitt zeigen wollte, warf ich einen Blick auf das DVD-Gerät, das ich vor Veranstaltungsbeginn getestet hatte. Es war aus. Während ich weitersprach, tastete ich mit den Fingern unauffällig nach den Schaltern, aber es ging nicht an. Nun wurde ich doch merklich nervös, entschuldigte mich bei den Teilnehmern und erklärte, dass ich ihnen einen Filmausschnitt hatte zeigen wollen, das DVD-Gerät aber offenbar nicht funktionierte. Ich schwieg kurz, um mich zu sammeln, und machte dann weiter – wenn auch ein wenig geknickt. Später las ich unter den generell positiven Rückmeldungen den Kommentar: »Schade, dass die Technik versagt hat.« Ich lernte daraus, dass es völlig unnötig gewesen war, die Teilnehmer über den Ausfall des DVD-Geräts zu informieren. Sie hatten keinen Filmausschnitt erwartet und hätten nichts mitbekommen, wenn ich kommentarlos weitergemacht hätte. Ich wäre ein wenig enttäuscht gewesen, weil ich ohne das geplante Extra hätte arbeiten müssen, die Teilnehmer aber wären vollauf zufrieden gewesen und es hätte nicht die Notwendigkeit bestanden, diesen kleinen Fehler in der Rückmeldung zu erwähnen.

Tun Sie deshalb alles, was in Ihrer Macht steht, um mögliche Fehlerquellen zu minimieren. Im Vortrag selbst kann Ihnen Unerschrockenheit helfen, sich durchzumogeln – möglicherweise ohne dass irgendjemand überhaupt etwas von dem Problem bemerkt. Um zu sehen, dass der Fehlerteufel auch die besten und am perfektesten vorbereiteten Sprecher erwischt, sollten Sie sich die Aufzeichnung der Präsentation ansehen, in der Steve Jobs 2010 das iPad vorstellt. Bei diesem neuen Produkt ging es ausschließlich darum, dass es die modernste und zufriedenstellendste Möglichkeit sei, im Internet zu surfen. Um dies zu demonstrieren, nahm Jobs in einem Sessel Platz, als ob er sich zu Hause oder in einem Café entspannen würde, konnte dann aber nichts auf seinem iPad zeigen, da die Verbindung mit dem drahtlosen Netzwerk nicht möglich war.

Wegen des enormen Nachrichtenwerts dieser Produktvorstellung verfassten viele der Anwesenden ihre Blogbeiträge und Twitter-Meldungen unmittelbar auf der Veranstaltung und sprengten damit die Kapazität des vorhandenen WLAN-Netzes. Aber Jobs blieb gelassen. Er erklärte ruhig, dass zu viele Menschen online seien, und bat die Anwesenden, sich für die Dauer der Vorführung auszuloggen. Er nutzte den Umstand, dass die Leute die aufregende Neuigkeit umgehend weitergeben wollten, um mit einer Situation fertigzuwerden, die andernfalls als Schwäche ausgelegt hätte werden können. Offensichtlich hatte man mit dieser Möglichkeit gerechnet und sich darauf vorbereitet, da Jobs vor der nächsten Zäsur – als er sich auf das große

Finale vorbereitete – die Nachricht bekam, wie viele Personen noch online waren. Er appellierte ans Publikum:»Möchten Sie den letzten Teil der Vorführung sehen?« Die Reaktion war eine große Welle der Unterstützung, mit der das Publikum – nicht Jobs – auch die letzten Twitter-Rüpel unter Druck setzte, sich auszuloggen. Es mag übertrieben sein zu sagen, Jobs hätte diesen Nachteil in einen Vorteil verkehrt, aber er ist diesem Ideal auf jeden Fall sehr nahegekommen. Die Vorstellung des iPad galt als Riesenerfolg.

8.5 Der »Starbucks-Test«

Zum Schluss, wenn Sie Ihrem Ermessen nach alles getan haben, um sich auf Ihre Präsentation vorzubereiten, sollten Sie sich fragen: Wenn man mir bei meiner Ankunft am Veranstaltungsort sagen würde:»Es tut uns leid, aber es gibt eine Doppelbuchung des Tagungsraums/einen Stromausfall/oder irgendetwas anderes. Die Präsentation findet deshalb gegenüber bei Starbucks statt«, wie würden Sie sich schlagen?

Könnten Sie auch ohne Hilfsmittel und ohne offiziellen Tagungsraum eine glaubhafte Präsentation abliefern? Es gibt mindestens zwei gute Gründe, sich diese Frage zu stellen: Erstens könnte es tatsächlich eines Tages passieren. Ich spreche da aus Erfahrung. Wenn es so weit ist, müssen Sie entscheiden, ob Sie es ablehnen, Ihre Präsentation unter unzumutbaren Umständen zu halten, oder ob Sie weiterkämpfen möchten. Es gibt keine richtige oder falsche Antwort. Wenn Sie zweitens so gut vorbereitet sind, dass Sie Ihre Präsentation auch unter derart erschwerten Bedingungen halten können, dann bedenken Sie nur, wie gut Sie erst sein werden, wenn Ihnen die richtige Ausstattung zur Verfügung steht.

Auf den Punkt gebracht

Räumen Sie den Proben Priorität ein. Wenn Sie zu beschäftigt sind, Ihren Vortrag einzustudieren, sind Sie auch zu beschäftigt, ihn zu halten. Tun Sie alles, um sich mit sämtlichen Aspekten vertraut zu machen. Das macht Sie gut, hilft Ihnen, Ihre Nervosität zu überwinden, und bereitet Sie darauf vor, Probleme zu lösen, wenn sie auftauchen.

Teil III

VORTRAG

Der nun folgende Teil ist eigentlich der einfachste – vorausgesetzt, Sie haben in den Bereichen *Aufbau* und *Vorbereitung* Ihre Hausaufgaben gemacht. Ich sagte zu Beginn ja bereits: Wenn Sie Zeit in den *Aufbau* investieren, erleichtern Sie sich damit den *Vortrag* ungemein, da er eine echte Struktur hat, fließt und Sie von Herzen sprechen, sodass alles wie von selbst läuft. Die *Vorbereitung* wird Ihnen unterdessen das Gefühl geben, ein Sicherheitsnetz zu haben, wenn es Zeit für den *Vortrag* ist. Sie haben die Wahrscheinlichkeit minimiert, dass etwas schiefgehen kann, und sind auf den Fall der Fälle vorbereitet.

Kapitel 9

Ankunft und Aufbau

Machen Sie sich mit Ihrer Umgebung vertraut;
nehmen Sie den Raum in Besitz;
positionieren Sie sich richtig

9.1 Machen Sie sich mit Ihrer Umgebung vertraut

Ali Bongo war ganze zwei Stunden, bevor sich der Vorhang hob, für seinen Auftritt bereit.

Der Tag der Präsentation ist da, und zuerst müssen Sie überlegen, wie es nach Ihrer Ankunft weitergehen wird. Planen Sie reichlich Zeit für Anfahrt und Aufbau ein und geben Sie dann noch eine halbe Stunde dazu. So haben Sie genügend Luft, um mit allen Schwierigkeiten fertigzuwerden, die sich im Laufe der Vorbereitungen ergeben könnten. Außerdem sollten ein paar Minuten übrig bleiben, damit Sie sich in eine annähernd entspannte geistige Verfassung versetzen können. Wir alle wissen, wie es sich anfühlt, wenn man zu Beginn einer wichtigen Besprechung etwas nervös ist – es war viel Verkehr, der Kollege musste noch einmal umkehren, um die Unterlagen zu holen, die versprochene Ausrüstung war anders als abgesprochen und Sie hatten keine Zeit für eine Generalprobe, geschweige denn einen prüfenden Blick in den Spiegel.

Stellen Sie sich nun das Gegenteil dieser Erfahrung vor und Sie werden erahnen können, wie sich der inzwischen verstorbene Ali Bongo, der ehemalige Präsident der Zauberervereinigung *The Magic Circle*, bei seinen Auftrittsvorbereitungen fühlte. Er war bereits zwei Stunden vor Beginn der Vorführung mit Kostüm und Maske fertig und hatte alle Requisiten aufgebaut. Dann wanderte er herum, plauderte mit den Leuten und trank eine Tasse Tee, um sich mit der Situation und allen Beteiligten vertraut zu machen. Erinnern Sie sich noch an das, was ich über die Angst vor dem Ungewissen und darüber gesagt habe, wie man sie überwindet? Ali praktizierte diesen Rat auf sehr positive Art und Weise und so gewissenhaft, dass er sich bald sogar ein wenig langweilte und seinen Auftritt kaum erwarten konnte.

Ein letztes Wort zu diesem Eingewöhnungsprozess: Falls technisches Personal zu Ihrer Unterstützung vorhanden ist, sollten Sie die Namen der Betreffenden in Erfahrung bringen und sich ein wenig mit ihnen anfreunden. Diese Menschen werden häufig übersehen, sie werden nahezu »unsichtbar«, und dennoch könnte es gut sein, dass der reibungslose Ablauf Ihrer Präsentation von ihnen abhängt. Wenn Sie sich die Mühe machen, Interesse an ihnen und ihrer Arbeit zu zeigen, werden sie auf Ihrer Seite sein, Ihnen Erfolg wünschen und besonders aufmerksam auch auf die Kleinigkeiten achten, die Sie brauchen. Und falls während Ihrer Präsentation etwas schiefgeht, können Sie sagen: »Könnte Derek (oder wie der Betreffende eben heißt) bitte einmal kurz herkommen?« Obwohl Sie innerlich vielleicht in Panik sind, vermittelt dies den Eindruck, dass Sie nach wie vor alles unter Kontrolle haben, und gibt Ihrem neuen Freund Derek einen Teil der Verantwortung (und der Schuld).

9.2 Nehmen Sie den Raum in Besitz

Zauberkünstler, die bei Banketten die Gäste mit »Tischzauberei« unterhalten – die vielleicht anspruchsvollste Situation für Magier –, beginnen erst dann mit ihrer Vorführung, wenn sie die Aufmerksamkeit aller Anwesenden auf sich gelenkt, etwas Platz für sich geschaffen und das Servicepersonal gebeten haben, sie nicht zu unterbrechen.

Sprechprobe

Ist man beizeiten vor Ort, hat das unter anderem den Vorteil, dass noch nicht allzu viele Menschen anwesend sind. Nutzen Sie dies, indem Sie von der für Sie vorgesehenen Position laut in den Raum hineinsprechen. Sie sollten grundsätzlich eine solche Sprechprobe machen, ob Sie mit Mikrofon arbeiten oder nicht. Der Grund dafür ist, dass die Akustik von Raum zu Raum erheblich variieren kann. Sie dürften überrascht sein, wie weit Sie Ihre Stimme in einen Raum von scheinbar völlig normalen Ausmaßen projizieren oder wie laut Sie sprechen müssen. Sie sollten dies bereits im Vorfeld und nicht erst an einem entscheidenden Punkt Ihrer Präsentation durch Versuch und Irrtum herausfinden.

Ich weiß aus Erfahrung, dass holzgetäfelte Räume meist eine warme Akustik haben, die vom Sprecher kaum zusätzliche Anstrengung verlangt. An Orten wie Schiffen gibt es unter Umständen viele Plastikbauteile, weshalb Sie Ihre Stimme weiter in den Raum hineinprojizieren müssen. In Zelten sind Kraft und Projektion vonnöten, da der Klang lediglich von einem Stück Stoff zurückgeworfen wird. Selbstgespräche muten natürlich etwas seltsam an. Nutzen Sie die Gelegenheit zu einer Sprechprobe deshalb so früh wie möglich, solange Sie allein sind.

Beleuchtung

Passen Sie die Beleuchtung an Ihre Bedürfnisse an, schließen Sie Vorhänge und Jalousien in Leinwand- oder Bildschirmnähe (denken Sie an die Geschichte von dem Süßwarenhersteller im Londoner Zoo) und erzeugen Sie durch An- und Ausschalten der Beleuchtung die gewünschte Stimmung. Wenn Sie das Licht während der Präsentation an- und ausschalten möchten, etwa um die Aufmerksamkeit von der eigenen Person auf eine Videoeinspielung zu lenken, sollten Sie genau wissen, welcher Schalter zu welcher Lampe gehört, um keine Experimente machen zu müssen. Normalerweise markiere ich den entsprechenden Lichtschalter mit einem kleinen Stück Klebegummi.

Anordnung des Raumes

Überlegen Sie, wie Sie Tische und Stühle so anordnen können, dass es Ihren Bedürfnissen am besten entspricht, und tun Sie es einfach. Falls Sie erst um Erlaubnis bitten, könnte der Gefragte ablehnen oder verschwinden, um das Einverständnis eines Vorgesetzten einzuholen, der Wichtigeres zu tun hat. Wenn Sie das Mobiliar einfach umstellen, wird das wahrscheinlich niemanden stören, es könnte sogar sein, dass es nicht einmal auffällt. Schlimmstenfalls müssen Sie sich für ein geringfügiges Vergehen entschuldigen. Sie müssen allerdings dafür sorgen, dass Sie alles wieder so zurücklassen, wie Sie es vorgefunden haben.

Ablenkungen

Außerdem sollten Sie alle potenziellen Ablenkungen in dem Bereich des Raumes ausschalten, in dem Sie Ihre Präsentation halten werden. Betrachten Sie Ihren Standort von der anderen Seite des Raumes aus der Sicht des Publikums. Könnte irgendetwas die Aufmerksamkeit der Zuhörer von Ihnen ablenken? Wenn ja, lässt es sich entfernen oder abdecken? In meiner Anfangszeit als Trainer wurde ich einmal in einer Frage-Antwort-Runde vor der Mittagspause gefragt: »Und wozu ist die Meerjungfrau da?« »Welche Meerjungfrau?«, erwiderte ich. »Die Meerjungfrau hinter Ihnen an der Wand«, bekam ich zur Antwort. Ich hatte mir nicht die Zeit genommen, meine Position aus der Sicht des Publikums zu betrachten, das während des Seminars deshalb ständig durch die Überlegung abgelenkt wurde, was ich wohl mit der Meerjungfrau vorhatte.

Den Raum einnehmen

Top-Magier nehmen sich vor ihrem Auftritt Zeit und machen sich die Mühe, höchstpersönlich den richtigen Rahmen für ihre Vorführung zu schaffen. Besonders deutlich wird dies bei Zauberkünstlern, die bei Banketten von Tisch zu Tisch gehen, um die Gäste zu unterhalten. Dies ist eine schwierige Situation, in der ein Zauberer in eine Tischgesellschaft hineinfunken, das

Gespräch unterbrechen und aus dem Nichts einen Raum für
seine Vorführung schaffen muss, sodass ihn alle sehen können, obwohl ihm viele den Rücken zukehren. Aus diesem Grund
verfügen diese Künstler über Strategien, wie sie sich vorstellen, ein paar Leute umsetzen, Freiwillige auswählen und ein
kleines Stück des Tisches für sich beanspruchen können. Die
Geschickteren unter ihnen werden dies im Rahmen einer char-
manten Vorstellungsrede tun, nachdem Sie eine Abmachung
mit den Servicekräften getroffen haben, um unzeitige Unterbrechungen zu verhindern (diese Vorgehensweise ähnelt dem
Trick, sich mit dem technischen Personal anzufreunden). Es
geht darum, die Aufmerksamkeit zu erzeugen und den Raum zu
schaffen, in dem ihre Vorführung trotz des anspruchsvollen
Umfelds am ehesten die Chance hat, ein strahlender Erfolg zu
werden.

Zeit für ein Geständnis

Zuletzt muss ich ein Geständnis zu dem Thema ablegen, wie
man einen Raum für sich schafft: Ich stelle nicht nur Tische und
Stühle um, sondern schraube manchmal auch Glühbirnen heraus. Viele Büros sind nicht gut geplant. Oft ist es unmöglich,
einzelne Lampen auszuschalten – da heißt es alles oder nichts,
manchmal für ein ganzes Stockwerk, und der Schalter befindet
sich irgendwo außerhalb des Raumes. Manchmal fällt das Licht
direkt auf die Leinwand, den Bildschirm oder die Stelle, an der
ich die Leinwand am liebsten aufstellen möchte. Dann schraube
ich die störende Glühbirne einfach heraus oder lockere sie so
weit, dass sie nicht mehr mit Strom versorgt wird. Natürlich
bringe ich alles wieder in Ordnung, bevor ich gehe. Ich bezweifle

jedoch, dass man mir eine positive Antwort geben würde, wenn ich um Erlaubnis bäte.

9.3 Positionieren Sie sich richtig

Magier arbeiten traditionell mit einer »zauberhaften Assistentin«. Dabei achten sie stets sorgfältig darauf, dass sich ihre Helferin in einer untergeordneten Position befindet und ihren Auftritt unterstützt, ohne ihnen die Show zu stehlen.

Beachten Sie die Regeln 5 und 6, wann immer Sie können:

* Positionieren Sie sich in unmittelbarer Nähe der Leinwand und ihrer visuellen Hilfsmittel, um einen klaren Fokus zu schaffen.
* Arbeiten Sie vom Publikum aus gesehen von links nach rechts (da dies in vielen Kulturen der Leserichtung entspricht).

Ist der Abstand zwischen Ihnen und der Leinwand sehr groß – was bei Konferenzen vor allem deshalb oft der Fall ist, weil man die Bühne schön symmetrisch füllen möchte –, muss der Zuhörer entscheiden, ob er sich auf Sie oder die Leinwand konzentrieren will. Und da die Leinwand groß und hell und immer wieder anders ist, ziehen Sie meist den Kürzeren. Alternativ bleibt dem Zuhörer nur die Möglichkeit, wie bei einem Tennismatch von Ihnen zur Leinwand zu schauen und von der Leinwand wieder zu Ihnen zurück, aber das wird ihm schon bald zu viel werden.

Oft ist es nicht ganz einfach, sich von links nach rechts aufzubauen, da das Rednerpult bereits auf der rechten Seite montiert
ist. Viele Räume, in denen ich schon gesprochen habe – der Ge-
schäftsbereich der British Library, der Hörsaal des Royal Col-
lege of Art und das Theater an Bord des Kreuzfahrtschiffs *Arca-
dia* – sind von rechts nach links angeordnet. Doch wenn Sie
Invertieradapter und Verlängerungskabel dabeihaben (siehe
Kapitel 7.4), können Sie dort arbeiten, wo Sie möchten.

Es ist keineswegs eine feste Regel, dass Sie sich von links nach
rechts positionieren müssen. Es ist allerdings interessant zu beobachten, wie erfahrene Redner die Bühne nutzen – vor allem
wenn sie eine Schauspielausbildung haben. Sie werden die linke
Hälfte der Bühne selbst dann zu ihrer Ausgangsposition machen und immer wieder dorthin zurückzukehren, wenn alles
auf rechts ausgerichtet ist. Es gibt allerdings gute Gründe, sich
gelegentlich für die rechte Seite zu entscheiden. BBC-Moderator
Adam Shaw erzählte mir, seit er von Regel 6 gehört habe, frage
er sich besorgt, weshalb ihn der Regisseur seiner Sendung immer am rechten Bildschirmrand platziere. Ich erklärte, dass
dies in seinem Fall absolut angemessen sei, da er die Entwicklung von Aktienkursen erörtere und hier die rechte Hälfte
des Bildschirms die wichtigere sei – denn dort befindet sich bei
dem Diagramm, das die zeitabhängige Entwicklung der Aktien
zeigt, der aktuelle Stand. Dadurch, dass auch er auf der rechten
Seite stand, ergab sich an der optimalen Stelle ein klarer Fokus.

Nachdem Sie sich in unmittelbarer Nähe der Leinwand pos-
tiert haben, müssen Sie zum Schluss noch darauf achten, so viel
Abstand zu wahren, dass Sie keine Schatten werfen. Ein gewis-
ser Schattenwurf ist vorübergehend hinnehmbar, während Sie
die Aufmerksamkeit auf wichtige Punkte lenken. Falls Sie aller-

dings zu nah an der Leinwand bleiben, werden Sie mit den Schatten, die Sie dabei mit Ihren Händen werfen, das Publikum ungewollt ablenken.

Auf den Punkt gebracht

Um bei einer Präsentation in Bestform zu sein, müssen Sie den Raum in Besitz nehmen. Der richtige Ablauf bei der Ankunft hilft Ihnen dabei.

Kapitel 10

Publikumsbindung

Die Vorstellung – wie Sie einander in Szene setzen und unterstützen; der erste Eindruck;
die Eröffnung

Nachdem Sie bei Ihrer Ankunft Ihren Raum geschaffen und so weit in Besitz genommen haben, wie es Ihnen möglich ist, sind Sie startbereit.

Im Stadium des *Präsentationsaufbaus* haben Sie unter anderem folgende Vorbereitungen getroffen, um nun die größtmögliche Wirkung zu erzielen:

- Sie wissen, welche Vorstellungen und Assoziationen Sie automatisch in den Köpfen Ihrer Zuschauer auslösen (Regel 1) – Kapitel 2.1
- Sie haben überlegt, wie Sie an diese Vorstellungen mithilfe der Faktoren Prestige, Atmosphäre, Ambiente und Wunsch anknüpfen – oder sie gegebenenfalls auch herunterspielen – können (Regel 2) – Kapitel 2.1
- Sie bedienen sich vertrauter Anknüpfungspunkte, um Ihren Vortrag auf den Vorkenntnissen Ihres Publikums aufzubauen (Regel 3) – Kapitel 2.2

- Sie haben Ihre Botschaft personalisiert und so dafür gesorgt, dass sie für Ihr Publikum eine Bedeutung bekommt (Regel 4) – Kapitel 2.4
- Sie haben Ihre Einleitung besonders sorgfältig formuliert und einstudiert, da Anfang und Ende in Erinnerung bleiben (Regel 13) – Kapitel 3.2

10.1 Die Vorstellung

Lassen Sie sich grundsätzlich von einer anderen Person vorstellen. Das sorgt für Ruhe im Saal, erhöht die Spannung und kann
Ihrem Vortrag einen beeindruckenden Rahmen geben. Der Betreffende kann Ihre Stärken – und die Gründe, weshalb man Ihnen zuhören sollte –, deutlich effektiver und glaubhafter darstellen als Sie selbst. Wenn Sie es selbst tun, wird es nur wie
Prahlerei wirken.

Wichtig ist, dass Sie diese einführenden Worte keinesfalls
dem Zufall überlassen. Sie müssen sie *selbst* vorbereiten und
Ihre Notizen der Person geben, die Sie vorstellen wird.

Wenn Sie es darauf ankommen lassen, könnte es sein, dass die
Informationen entweder unzutreffend oder unzweckmäßig
sind. Der Betreffende könnte Ihnen sogar die Show stehlen, indem er Dinge vorwegnimmt, die Sie für entscheidende Mo-
mente in Ihrem Vortrag vorbereitet haben. Vielleicht erzählt er
sogar einen Ihrer besten Witze. Wenn ich dies in meinen Seminaren erwähne, höre ich oft, wie enge Kollegen zueinander sagen: »Das machst du immer so mit mir!« Teamkollegen können
durch die Art und Weise, wie sie miteinander umgehen, eine
enorm wichtige Rolle spielen, wenn es darum geht, sich gegen-

seitig zu unterstützen und aufzubauen. Ihr Umgang miteinander kann auch einen unschätzbaren Beitrag dazu leisten zu zeigen, dass eine Gruppe eine geschlossene Einheit bildet und nicht nur aus Leuten besteht, die zufällig in der gleichen Firma arbeiten.

10.2 Der erste Eindruck

Sie haben einen großen Teil Ihrer *Vorbereitung* darauf verwendet, Einleitung und Schluss einzustudieren (Regel 13 – *Anfang und Ende*). An dieser Stelle können Sie nicht viel mehr für den ersten Eindruck tun, als die Punkte anzusprechen, die Ihr Publikum unweigerlich beschäftigen werden. Wenn Sie zum Beispiel ein blaues Auge oder einen gebrochenen Arm haben, müssen Sie darauf sofort kurz eingehen und dann weitermachen. Tun Sie das nicht, werden sich derlei Auffälligkeiten als ständige Ablenkung erweisen: Ihre Zuhörer werden mehr über die Umstände Ihres Missgeschicks nachgrübeln, als auf Ihre Worte zu achten.

Ich kannte mal einen Zauberkünstler mit einer ausgesprochen rundlichen Statur, der Auftritte deshalb stets mit den Worten begann:»Ich gehöre vielleicht nicht zu den besten Zauberkünstlern, wohl aber zu den korpulentesten.« Dies war seine Art zu sagen:»In Ordnung, ich bin dick, und jetzt konzentrieren wir uns auf die Zauberei«, und damit gleichzeitig ein wenig Mitgefühl zu wecken und sich etwas Unterstützung zu verschaffen.

Sprechen Sie brennende Themen deshalb freimütig an, aber fassen Sie sich kurz. Sie wollen eine potenzielle Ablenkung ausschalten und eine Sache nicht erst dazu machen.

10.3 Die Eröffnung

Denken Sie daran, dass Anfang und Ende in Erinnerung bleiben (Regel 13) und es deshalb wichtig ist, dass Sie den für Ihre Einleitung sorgfältig zurechtgelegten und einstudierten Plan einhalten. Abgesehen davon müssen Sie zu diesem Zeitpunkt eigentlich nur noch eines tun, nämlich ein leicht übertriebenes Selbstvertrauen an den Tag legen.

Wenn Sie mehr Energie oder Tatendrang empfinden, als normalerweise zu erwarten wäre, wird Ihnen der dynamische Einstieg in Ihre Präsentation leichter fallen. Das Publikum wird Ihre Kraft spüren, es wird sie spiegeln und zu Ihnen zurückschicken. Ich sehe dies sehr oft, wenn ich mit Geschäftsleuten arbeite. Bei ihren geschäftlichen Präsentationen am Morgen ist ihr Vortrag meist ein wenig fade. Das liegt vermutlich daran, dass sie das für sachlich halten. Aber nur, weil es ums Geschäft geht, ist das noch lange kein Grund zur Langeweile. Ich ermuntere sie, mehr Energie auszustrahlen, vor allem zu Beginn. Wenn die Teilnehmer dann zurückkehren, um ihren Zaubertrick vorzuführen, sind sie dynamischer – zum Teil, weil sie meinen Rat beherzigen, und zum Teil, weil sie dies bei der Präsentation eines Zaubertricks für angemessen halten. Ihre Energie ist tatsächlich spürbar, sie macht ihre Körpersprache lebendiger und zaubert ein Lächeln auf ihr Gesicht, das in ihrer Stimme zu hören ist. Anschließend ist es ihre Aufgabe, diesen Ansatz zumindest teilweise auf ihre geschäftliche Präsentation zu übertragen. Wenn ihnen dies gelingt, werden sie auch ihr Publikum mitreißen.

Auf den Punkt gebracht

Anfang und Ende bleiben in Erinnerung, was sie zu den beiden wichtigsten Elementen Ihrer Präsentation macht. Es kommt allerdings mehr auf die Einleitung als auf den Schluss an, denn wenn Sie den Anfang richtig hinbekommen, geht meist auch alles Weitere glatt; wenn nicht, werden Sie die ganze Zeit versuchen, den schlechten Einstieg wieder wettzumachen.

Kapitel 11

Persönliche Möglichkeiten der Publikumsbindung

Stimme – Tragfähigkeit, Mikrofone, Stimmführung, Pausen, »Infokästen«, Emms, Ähs und Füllwörter, Einsprechen;
Blick – wie Sie mit Ihrem Blick das Publikum fesseln und die Aufmerksamkeit lenken;
Körper – stehen oder sitzen, Reglosigkeit, Gesten

11.1 Die Stimme

Ihre Stimme und Ihre Präsenz müssen bis in die hinteren Reihen reichen – allerdings ohne, dass die Menschen auf den vorderen Plätzen taub werden. Die Lösung liegt darin, Ihre Stimme tragfähig zu machen, im Fachjargon auch »Projektion« genannt, das heißt, die Stimme bei Bedarf durch Ihren Atem zu unterstützen. Die Stimmprojektion ist von Größe und Akustik des Raumes abhängig, und mit etwas Glück werden Sie die Möglichkeit haben, dies vor Ihrer Präsentation mit einer Sprechprobe zu testen.

So sorgen Sie dafür, dass Ihre Stimme trägt:

- Stellen Sie sich vor, Ihre Stimme käme nicht aus dem Hals, sondern aus dem Bauch oder dem unteren Rücken.
- Atmen Sie ein.
- Atmen Sie aus und lassen Sie Ihre Stimme vom Atem tragen.

Falls Sie sich an einem geeigneten Ort befinden, können Sie das gleich einmal versuchen. Kündigen Sie sich einem imaginären Publikum zunächst ohne, dann mit Atemunterstützung an. Sie werden sofort merken, dass Sie beim zweiten Mal lauter waren. Vor allem aber werden Sie feststellen, dass Ihnen diese Technik Tiefe, Resonanz und Präsenz verleiht.

Wenn Sie ein wenig üben, werden Sie bald merken, dass Sie diese Technik bei Bedarf ganz automatisch verwenden. Zwei Dinge aber sollten Sie beachten:

Erstens: Behalten Sie die Kontrolle. Bedienen Sie sich der Stimmprojektion nur, wenn es wirklich nötig ist. Jeder kennt Menschen, bei denen der »Verstärker« praktisch immer eingeschaltet ist und die deshalb recht anstrengend werden können.

Zweitens: Stimmen Sie den Projektionsumfang auf den Blickkontakt ab – das Kommunikationsmittel, das ich im Anschluss behandeln werde. Sie müssen während des gesamten Vortrags für alle Anwesenden gut zu verstehen sein, aber wenn Sie den Blick über die hinteren Reihen schweifen lassen, sollte Ihre Stimme entsprechend zu ihrer vollen Projektionskraft anschwellen. Umgekehrt können Sie sich stimmlich etwas zurücknehmen, wenn Sie Teilnehmer weiter vorne ansehen.

Mikrofone

Wenn Sie ein Mikrofon verwenden, verringert sich die Notwendigkeit zur Stimmprojektion, verschwindet aber nicht gänzlich. Ein Mikrofon sorgt zwar dafür, dass Sie im ganzen Raum zu hören sind. Trotzdem sollten Sie versuchen, das gesamte Publikum zu erreichen, und dazu ist eine gewisse Stimmprojektion vonnöten.

Bei der Wahl des Mikrofontyps sollten Sie dem Urteil des Toningenieurs vertrauen, sofern es keinen zwingenden Grund gibt, ein bestimmtes Modell zu verwenden. Zauberkünstler müssen meist beide Hände frei haben und bevorzugen deshalb oft ein Ansteckmikrofon. Der eine oder andere aber verwendet den Mikrofonständer auch als Requisit und benötigt möglicherweise zusätzlich ein Handmikrofon, damit auch die freiwilligen Helfer zu hören sind.

Die Verwendung von Ansteckmikrofonen ist im Allgemeinen etwas einfacher, da man wie gewohnt sprechen kann. In der Tat werden Sie schnell vergessen, dass Sie überhaupt ein Mikrofon tragen, worin auch das Risiko dieser Modelle besteht: Sie könnten vergessen, sie nach Präsentationsende (an dem an Ihrer Taille befestigten Akku) auszuschalten. Jeder kennt aus eigener Erfahrung oder vom Hörensagen Geschichten davon, dass unbedachte Kommentare hinter den Kulissen oder gar das Geräusch der Toilettenspülung laut und deutlich übertragen wurden, weil jemand vergessen hatte, das Mikrofon auszuschalten. In Großbritannien warnen wir davor mit dem kurzen Satz »Machen Sie's nicht wie Gordon Brown!«. Der ehemalige britische Premierminister steckte in der Kampagne zu den Parlamentswahlen im Jahr 2010 bereits in großen Schwierigkeiten, als er nach einem Pressetermin in seinen Wagen stieg, ohne sein Mikrofon abzulegen. Die Veranstaltung war nicht gut gelaufen, und als er im Wagen saß, machte er seinen Begleitern gegenüber sofort eine abfällige Bemerkung über ein Mitglied der Öffentlichkeit, das ihn zur Rede gestellt hatte. Die Äußerungen Browns wurden zufällig aufgezeichnet und in den folgenden Tagen wiederholt ausgestrahlt, was ernste Fragen an seiner Führungseignung aufwarf. Keine Partei konnte die Wahlen klar für sich entscheiden, aber nach diesem Vorfall zweifelte kaum noch jemand daran, dass Gordon Brown verlieren würde.

Wenn Sie mit einem Mikrofon – ganz gleich welchen Typs – arbeiten, müssen Sie sich nicht selbst um die Lautstärke kümmern. Dies ist Aufgabe des Toningenieurs. Wenn Sie in ein Handmikro oder ein auf einem Stativ befestigtes Mikrofon sprechen, müssen Sie ihn allerdings ein wenig unterstützen, indem Sie auf einen gleichbleibenden Abstand achten. Beugen Sie sich nicht zum Mikrofon hinunter oder ändern Sie nicht ständig die Ständerhöhe. Stellen Sie den Ständer falls nötig am Anfang ein und überlassen Sie alles Weitere dem Tontechniker. Wenn Sie ein Handmikro verwenden, müssen Sie den Arm steif machen, um immer den gleichen Abstand zu haben.

Stimmführung

Ist das richtige Maß an Stimmprojektion gefunden, müssen Sie für Bewegung und Veränderungen sorgen, um die Aufmerksamkeit des Publikums zu erhalten. Hier haben wir es wieder mit Regel 11 zu tun –

Abwechslung verkürzt die Konzentrationsphasen und erhält so die Aufmerksamkeit.

Ich habe Regel 11 bereits im Zuge des *Präsentationsaufbaus* erwähnt und geraten, den Inhalt in »kleine Häppchen« aufzuteilen, um Abwechslung in die Sache zu bringen und dadurch wiederum die Aufmerksamkeit zu erhalten. Gleiches gilt für die Stimme: Wenn Sie immer im gleichen (monotonen) Tonfall sprechen, wird das Publikum abschweifen. Sorgen Sie dagegen für Abwechslung, haben Sie eine deutlich bessere Chance, die Aufmerksamkeit zu halten. Die vertiefte Atmung, die ich bereits bei der Stimmprojektion erwähnt habe, ist ein guter Anfang, um für stimmliche Variation zu sorgen. Fahren Sie anschließend folgendermaßen fort:

- Betonen Sie wichtige Wörter und Satzteile, indem Sie etwas mehr Energie hineingeben, zum Beispiel: <u>*Betonen*</u> *Sie wichtige Wörter und Satzteile, indem Sie etwas mehr* <u>*Energie*</u> *hineingeben.*
- Erfüllen Sie Kernsätze mit Gefühl – zeigen Sie an angemessenen Stellen Ihre Begeisterung.
- Betonen Sie Aussagen und Fragen am Satzende, zum Beispiel: *Betonen Sie Aussagen und Fragen am* <u>*Satzende*</u>. *Verstehen Sie, was ich damit* <u>*meine*</u>?

Durchbrechen Sie offensichtliche Muster aller Art. Ich würde zum Beispiel grundsätzlich davon abraten, Listen vorzulesen. Wenn es gar nicht anders geht, sollten Sie nach einigen Punkten innehalten, eine kurze Bemerkung zu einem der genannten Aspekte machen und anschließend fortfahren.

Pausen

Die Verwendung von Pausen ist eine der eindrucksvollsten Möglichkeiten, Abwechslung in einen Vortrag zu bringen und damit seine Wirkung zu erhöhen. Beginnen Sie damit, dass Sie etwas langsamer sprechen als in einer normalen Unterhaltung, und bauen Sie überall dort eine Pause ein, wo Sie dramatisches Interesse wecken möchten. Pausieren Sie vor allem dort, wo ein wirklich wichtiger Punkt hervorgehoben werden soll. Pausen betonen diese Stellen und sorgen dafür, dass das Gesagte beim Zuhörer ankommt.

Winston Churchill war der Meister der Pause. Nach der Kapitulation Frankreichs im Jahr 1940 schrieb er die folgende Rede:

> Rüsten wir uns daher zur Erfüllung unserer Pflicht; handeln wir so, dass, wenn das Britische Weltreich in seinem Staatenbund noch tausend Jahre besteht, die Menschen immer noch sagen werden: »Das war ihr herrlichster Augenblick.«

Doch dies war keine normale Rede; es musste der leidenschaftlichste Appell werden, den das britische Volk seit Generationen gehört hatte, weshalb er ihn mit folgenden sechs Pausen vortrug:

Rüsten wir uns daher	PAUSE
zur Erfüllung unserer Pflicht;	PAUSE
dass, wenn das Britische Weltreich in seinem Staatenbund	PAUSE

noch tausend Jahre besteht,	PAUSE
die Menschen immer noch sagen werden:	PAUSE
»Das	PAUSE

war ihr herrlichster Augenblick.«

Jede Pause betonte einen Kernaspekt der Rede.

Solche Redekunst bekommt man heute einfach nicht mehr zu hören – oder doch? Steve Jobs kündigte mit folgenden Worten die Einführung des iPhone von Apple an:

Im Jahr 2001 stellten wir den ersten iPod vor.	PAUSE
Er hat nicht nur die Art verändert, wie wir Musik hören; er hat die ganze Musikindustrie verändert.	PAUSE
Heute stellen wir gleich drei revolutionäre Produkte dieser Größenordnung vor. Das erste	PAUSE
ist ein Breitbild-iPod mit Touchscreen. Das zweite	PAUSE
ist ein umwälzendes Handy.	PAUSE
Und das dritte	PAUSE
ist ein neues Internet-Kommunikationsgerät	PAUSE
[...]	
Das sind nicht drei separate Geräte, sondern nur ein einziges.	PAUSE
Wir nennen es das iPhone.	PAUSE
Heute wird Apple das Telefon neu erfinden.	

Durch die Pausen erzeugte Jobs einen Rhythmus, der irgendwann automatisch Applaussignale erzeugte. Bald musste er Pausen einlegen, um den Beifall abzuwarten.

Infokästen

Eine der besten Gelegenheiten zu einer kleinen Veränderung im
Ton ergibt sich immer dann, wenn Sie eine Anekdote erzählen.
Auf diese Weise machen Sie sofort deutlich, dass Sie eine Pause
im normalen Vortragsablauf einlegen, und es könnte durchaus
angemessen sein, für Ihre Geschichte einen etwas wärmeren,
ruhigeren und gleichmäßigeren Tonfall zu wählen. Wenn Sie
die Stimmlage danach erneut wechseln, signalisieren Sie damit
auch, dass Sie zum Kern des Vortrags zurückkehren. Diese Methode funktioniert ganz ähnlich wie ein Infokasten in einer Zei-
tung oder Zeitschrift. Gelegentlich wird eine kleine Geschichte
zur Illustration, ein besonderes Detail oder vielleicht auch ein
amüsanter Zufall aus dem Hauptteil des Artikels herausgenommen und in einen Kasten gestellt. Dies lockert die Seite auf und
macht die Darstellung ansprechender und leserfreundlicher.

Emms, Ähs und Füllwörter

Jeder tut es – in Unterhaltungen pfeffert jeder seine Sätze rei-
henweise mit Emms, Ähs und anderen Lauten, die für den Einzelnen meist charakteristisch sind. In der Alltagskommunikation richten sie kaum Schaden an. Sie haben sogar eine spezielle
Funktion, die Sprachwissenschaftler »gefüllte Pause« nennen.
Sie überbrücken Sprechpausen, verschaffen Zeit zum Nachdenken und geben Gelegenheit zu Einwürfen. Weniger akzeptabel

sind Füllwörter wie »bekanntlich«, »irgendwie«, »also«, »echt« und »ungefähr«, die sich häufig am neuesten Trend in Sachen Slang orientieren. Aus diesem Grund sind vor allem junge Menschen davon betroffen, die diese Wendungen einfach aufsaugen und häufig nicht einmal wissen, dass sie sie verwenden. Dazu gibt es ein witziges Beispiel auf YouTube: Mein junger Freund Matt Edmondson, Radiomoderator und ehemaliges Mitglied des *Young Magicians Club*, hat eine Fernsehdokumentation über das Promi-Sternchen Peaches Geldof zusammengeschnitten, bis am Ende nur noch die Stellen übrig waren, an denen sie das praktisch bedeutungslose Füllwörtchen »like« verwendet. Sie werden – wie sie selbst wohl auch – verblüfft feststellen, wie lang dieser Beitrag noch ist. Sie finden ihn, wenn Sie im Internet nach »Peaches Geldof – master of the English language« suchen. Etwa zur gleichen Zeit tat Caroline Kennedy in den Vereinigten Staaten ihre Absicht kund, um den von Hillary Clinton frei gemachten Sitz im Senat zu kandidieren. Aber der Traum, die berühmte Politikerdynastie fortzusetzen, war bald ausgeträumt, als ihre Medienauftritte zum Ziel des Spotts wurden. Ein Interview, in dem sie in zwei Minuten über 35 Mal die Verlegenheitsfloskel »you know« verwendete, war eine ihrer letzten Auftritte, bevor sie ihre Kandidatur zurückzog.

Während Füllwörter grundsätzlich zu vermeiden sind, sind Emms und Ähs in der Alltagskommunikation bis zu einem gewissen Grad vertretbar. Nichts zu suchen haben sie dagegen in Präsentationen oder formalen Gesprächen jedweder Art, wo sie deutlich stärker auffallen, in zunehmendem Maße störend wirken und alles abschwächen, was Sie sagen.

Um Füllwörtern auf die Spur zu kommen und sie zu beseitigen, werden Sie die Hilfe eines Freundes oder Kollegen benötigen – vermutlich sogar in regelmäßigen Abständen, da Sie immer neue Formulierungen aufschnappen. Die Frage, wie sich Emms und Ähs vermeiden lassen, ist einfach zu beantworten und läuft wieder auf eine gründliche schriftliche Vorbereitung und ausreichende Proben hinaus, damit Sie *wissen, was Sie sagen wollen.* Emms und Ähs haben in Präsentationen nichts verloren, da sie als gefüllte Pausen die Aufgabe haben, Gesprächslücken zu überbrücken, Gelegenheiten zur Unterbrechung zu bieten und Zeit zum Nachdenken zu verschaffen. Zwei dieser Funktionen sind in Vorträgen völlig überflüssig, denn wenn Sie wissen, was Sie sagen wollen, brauchen Sie keine Zeit zum Nachdenken. Vor allem, wenn Ihnen eine Vertrauenskarte Sicherheit gibt.

Emms, Ähs und Füllwörter schwächen Ihren Vortrag nicht nur, sie wirken auch störend. Selbst wenn Sie die schwächende Wirkung verkraften können, irritieren Sie Ihre Zuhörer nicht.

Einsprechen

Bedenken Sie zu guter Letzt: So, wie Sie Ihre Beine vor dem Laufen aufwärmen müssen, bedürfen auch Ihre Stimme und Ihr Mund einer Vorbereitung, wenn sie bei Ihrem Vortrag in Bestform sein sollen, der im Grunde eine erhebliche stimmliche Belastung darstellt. Dies gilt vor allem, wenn Ihre Präsentation frühmorgens stattfindet. Sie können nicht erwarten, dass Ihre Stimme aus dem Stand zu Spitzenleistungen in Klang, der Aussprache und dem Redefluss fähig ist.

Folgende Übungen eignen sich zum Aufwärmen der Stimme:

- Summen Sie mit geschlossenem Mund eine Melodie.
- Wiederholen Sie die Übung mit offenem Mund.

- Sagen Sie ein paar Zungenbrecher auf. Dies wird Ihnen klarmachen, wie träge Ihr Mund ohne das richtige Aufwärmtraining sein kann.
- Wiederholen Sie die ersten Sätze Ihres Vortrags in verschiedenen Sprachstilen und Dialekten.

Trinken Sie währenddessen viel Wasser und sorgen Sie unbedingt dafür, dass auch während der Präsentation immer ein Glas für Sie bereitsteht. Achten Sie aber darauf, dass nichts passieren kann. Jeder von uns stößt von Zeit zu Zeit einmal ein Glas um, und wenn Sie aufgekratzt und voller Energie sind, erhöht das die Wahrscheinlichkeit noch mehr.

Die letzte Vorbereitung vor Präsentationsbeginn sollte eine einfache Atemübung sein:

- Atmen Sie in drei Stufen ein, ohne zwischendurch auszuatmen.
- Atmen Sie langsam durch den Mund aus. Das Ausatmen sollte länger dauern als das Einatmen.
- Zweimal wiederholen.

11.2 Der Blick

»Wenn Sie den Blick eines Menschen auf einen bestimmten Punkt lenken möchten, sehen Sie dorthin. Wenn Sie den Blick eines Menschen auf sich lenken möchten, sehen Sie ihn an.«

Zauberkünstler John Ramsay,
der Meister der Aufmerksamkeitslenkung

Die Stimme scheint einen so großen Teil der Kommunikation auszumachen, dass man darüber nur allzu leicht die Bedeutung des Blickes vergisst. Um eine echte Verbindung herzustellen, ist Blickkontakt unverzichtbar. Er lässt Sie glaubhafter, vertrauenswürdiger, selbstbewusster und bestimmter sowie freundlicher wirken. Der amerikanische Mentalist Marc Salem unterstreicht die Macht des Blickes, indem er zeigt, wie groß die Bandbreite der Dinge ist, die wir allein mit den Augen ausdrücken können: *leerer Blick, Zwinkern, gesenkter Blick, lachende Augen, wenn Blicke töten könnten, sie durchbohrte ihn mit ihren Blicken, Schlafzimmerblick.*

Falls Sie irgendwelche Zweifel an der Bedeutung des Blickkontakts hegen, werden Sie, sobald Sie Kinder haben und Ihnen den Satz »Danke, dass ich kommen durfte« beibringen müssen, erkennen, dass er ohne den entsprechenden Blickkontakt nicht funktionieren wird. Ebenso lernen wir, wenn wir erwachsen werden, dass es eine leere Geste bleibt, wenn man einem Menschen die Hand schüttelt oder ihm mit einem Glas zuprostet, ohne ihn anzusehen.

Trotzdem muss man am Blickkontakt arbeiten – zum Teil, weil diese große persönliche Nähe vielen Menschen zumindest am Anfang unangenehm ist. Je nach Publikumsgröße müssen Sie die Zuhörer einzeln ansehen und den Blickkontakt einen Hauch länger halten, als Ihnen vielleicht angenehm ist. Dies wird Ihr Gegenüber häufig zu einer Reaktion wie einem Nicken oder Lächeln veranlassen, die Ihnen verrät, dass die Verbindung hergestellt ist. Anschließend müssen Sie den Blickkontakt ausweiten, aber nicht mechanisch, sondern indem Sie darauf achten, dass Sie allen Anwesenden die gleiche Aufmerksamkeit schenken.

Ist es bei einer größeren Zuhörerschaft nicht mehr möglich, den Menschen direkt in die Augen zu sehen, müssen Sie ganz ähnlich vorgehen und den Blick über einzelne Gruppen schweifen lassen. In einer bühnenähnlichen Situation, in der viele Scheinwerfer auf Sie gerichtet sind, werden Sie so gut wie nichts sehen können. Das kann beunruhigend sein. Darum sollten Sie, während Sie sich mit den Räumlichkeiten vertraut machen, auch darum bitten, die Bühne mit der gleichen Beleuchtung testen zu dürfen, die auch für Ihre Präsentation vorgesehen ist. In einem solchen Fall müssen Sie den Blickkontakt und die entsprechenden Augenbewegungen simulieren, denn obwohl Sie niemanden erkennen, sehen die Menschen Sie umgekehrt sehr gut; und diejenigen, die in den Reihen sitzen, auf die Ihr Blick fällt, werden sich fragen, warum Sie sie anstarren. Abgesehen davon ist es unter Umständen möglich, dass zumindest ein Teil der Saalbeleuchtung während Ihres Vortrags angeschaltet bleibt. Erkundigen Sie sich danach, wenn Ihnen diese Lösung lieber ist.

Die Menschen, mit denen ich arbeite, gestehen oft, sie hätten sich früher kaum Gedanken über den Blickkontakt gemacht. Einer von ihnen kam sogar zu der Erkenntnis, dass er Glück gehabt hatte, seinen aktuellen Job überhaupt bekommen zu haben. Im Nachhinein dämmerte ihm, dass der oberste Chef beim letzten Vorstellungsgespräch von zwei Mitarbeitern flankiert gewesen war, die an der Entscheidung ebenfalls beteiligt waren. Er hatte fast ausschließlich den Chef angesehen und damit riskiert, dass sich die beiden anderen ausgeschlossen fühlten. Als ich dieses Szenario bei anderen Gelegenheiten schilderte, hörte ich die Geschichten von Leuten, die sich in der Position dieser Mitarbeiter befunden und Bewerber deutlich weniger wohlwollend wahrgenommen hatten als der Chef, dem der größte Teil des Blickkontakts gegolten hatte.

Zauberkünstler dürften mehr über die Bedeutung und den Nutzen des Blickkontakts wissen als nahezu alle anderen Menschen, da sie mit ihren Augen die Aufmerksamkeit des Publikums lenken. Dabei sollte man jedoch nicht vergessen, dass Zauberkünstler meist Hintergedanken haben, wenn sie mit ihrem Blick die Aufmerksamkeit des Publikums steuern. Während sie Ihnen tief in die Augen sehen, werden sie vermutlich anderswo mit ihren Händen oder Requisiten ein Täuschungsmanöver vollführen. In diesem Fall wird Ihr Blick natürlich *fehl*geleitet, und obwohl ich niemanden ermutigen würde, die trügerische Seite der Magie zu seinem geschäftlichen Vorteil zu nutzen, können wir von Zauberkünstlern sehr viel lernen.

Der spanische Magier Juan Tamariz empfiehlt, mit der Vorstellung unsichtbarer Fäden zu arbeiten:

- Stellen Sie sich vor, Ihre Augen seien mit Fäden mit den Augen jedes einzelnen Zuhörers verbunden. Sorgen Sie dafür, dass die Fäden straff gespannt bleiben, indem Sie die Blicke der Menschen erwidern – und lassen Sie nicht zu, dass sie durchhängen, da sie dann reißen.
- Wenn ein Faden reißt, müssen Sie die Verbindung schnell wiederherstellen. Gehen Sie auf die unaufmerksame Person zu. Kehren Sie erst zu den anderen zurück, nachdem Sie den Abtrünnigen zurückgeholt haben.
- Machen Sie Schlüsselpersonen ausfindig und konzentrieren Sie sich auf sie.
- Achten Sie auf die Augenfarben der Zuhörer, um sich zu intensivem Blickkontakt zu zwingen.

Stimmen Sie Blick und Körpersprache aufeinander ab

Ich habe zu Beginn dieses Abschnitts betont, wie wichtig der Blick für die Kommunikation ist. In diesem Zusammenhang ist es hilfreich, sich an das alte Sprichwort zu erinnern »Die Augen sind das Fenster zur Seele«. Mit anderen Worten: Die Augen offenbaren unsere wahren Empfindungen und verraten, wie es tatsächlich um uns steht. Dies gilt besonders für das Lächeln. Sie können den Mund entsprechend verziehen, doch wenn die Freude nicht auch an den Augen abzulesen ist, wirkt der Gesichtsausdruck erzwungen und gekünstelt. Die Folge davon ist das sogenannte Pan-Am-Lächeln, benannt nach den amerikanischen Flugbegleiterinnen, die es häufig aufsetzen. Denken Sie daran: Kommunikation ist nur dann effektiv, wenn sie sowohl mitreißend als auch überzeugend ist.

11.3 Der Körper

Stehen oder sitzen?

Zuerst müssen Sie entscheiden, ob Sie stehen oder sitzen möchten. Hier gibt es keine richtige und keine falsche Lösung. Wenn Sie stehen, erhöht das Ihre Ausdrucksmöglichkeiten. Für Menschen, die im Stehen zu viel zappeln, kann es jedoch von Vorteil sein, wenn sie sich setzen, um ihre Bewegungsmöglichkeiten einzuschränken. Ich empfehle, in diesem Fall zwei Faktoren zu berücksichtigen. Erstens: Was kommt Ihnen am meisten entgegen? Zweitens: Wie ist die Stimmung der Veranstaltung? Ist es merkwürdig, wenn Sie stehen bleiben, obwohl alle anderen sitzen? Wird man umgekehrt vielleicht sogar von Ihnen erwarten, dass Sie Ihre Präsentation im Stehen halten? Es gibt natürlich noch eine dritte Möglichkeit, die sehr effektiv sein kann, solange sie spontan wirkt: Halten Sie den Hauptteil des Vortrags im Stehen und setzen Sie sich dann zu den anderen an den Tisch, wenn die Veranstaltung eher den Charakter einer Unterhaltung annimmt. Indem Sie sich setzen, können Sie sogar selbst das Signal zur Veränderung geben.

Reglosigkeit

Bewegung kann erheblich dazu beitragen, die Effektivität Ihrer Kommunikation zu steigern, doch bevor Sie Gesten nutzbringend einsetzen können, müssen Sie erst lernen, still zu halten. Zu viel Bewegung kann ablenken und das Publikum anstrengen. Reglosigkeit dagegen hilft, einen Fokus zu schaffen. Schauspieler sprechen von der Macht der Stille, und selbst die temperamentvollsten Zauberkünstler arbeiten mit dem Kontrast der Stille, um in den Momenten einen Fokus zu schaffen, in denen Aufmerksamkeit besonders wichtig ist. Wenn Sie sich zum Beispiel auf YouTube den berühmten Becher-Trick von Paul Daniels ansehen, werden Sie Zeuge eines Auftritts, der als furios bezeichnet wird. Doch während er zum Höhepunkt seines Vortrags kommt, steht er vollkommen regungslos und mit beiden Füßen fest auf dem Boden.

Leider fällt es vielen Menschen schwer, still zu halten – auch mir. Vor allem, wenn uns die Energie mit voller Kraft durchströmt. Wir müssen deshalb lernen, still zu verharren. Steve Cohen bezeichnet sich selbst als Magier der Millionäre und man kann seine Zaubershow *Chamber Magic*, die inzwischen seit vielen Jahren läuft, in New York City besuchen. Er hat diesbezüglich einen guten Rat:»Wenn Sie so stehen, dass beide Füße nach vorne zeigen, werden Sie das Gewicht automatisch von einem Fuß auf den anderen verlagern und wie ein Schiff hin- und herschaukeln. Das Publikum wird nicht wissen, wohin es sehen soll, und Sie werden nervös und unbehaglich wirken.« Aus diesem Grund plädiert er für die»45-Grad-Regel«. Das bedeutet, während der rechte Fuß gerade nach vorne zeigt, stellen Sie die beiden Fersen so zusammen, dass der linke Fuß in einem 45-Grad-Winkel nach außen zeigt. Auf diese Weise sind Sie fest an Ort und Stelle verankert. Sehen Sie sich den Becher-Trick von Paul Daniels noch einmal an, und Sie werden feststellen: Während er zum Höhepunkt seines Auftritts kommt und ganz ruhig wird, hat er die Fersen zusammen und seine Füße bilden einen perfekten 45-Grad-Winkel.

Anders sieht es aus, wenn Sie auf einer großen Bühne stehen und diesen Raum ausfüllen müssen. Falls Sie mit einer Leinwand arbeiten, können Folien hier eine große Hilfe sein. In den Momenten, in denen die Folien Pause haben – sowie möglicherweise am Anfang und am Ende Ihres Vortrags – sollten Sie freilich in Betracht ziehen, Ihre Grundposition zu verlassen und sich ein wenig über die Bühne zu bewegen. Aber hüten Sie sich davor, zu viel herumzumarschieren oder unruhig hin- und herzulaufen.

Auch hier haben wir ein Vorbildproblem. Die Menschen sehen Komiker über die Bühne flitzen und glauben irgendwann, man sollte sich völlig frei bewegen. Der britische Comedian Michael McIntyre etwa ist berühmt dafür, dass er quer über die Bühne hüpft, was zu seinem Markenzeichen geworden ist. Ich werde nicht behaupten, dass die Art und Weise, wie sich Komiker auf der Bühne bewegen, ebenso gewissenhaft erarbeitet und zeitlich geplant ist wie das, was sie sagen. Dennoch würde ich sagen, dass ihre Bewegungen Teil einer sorgfältig ausgeklügelten Persönlichkeit sind, die sie in unzähligen Auftritten perfektionieren, bei denen ihnen die unmittelbare Reaktion des Publikums sowie stundenlange Fernsehaufzeichnungen Gelegenheit zur Analyse geben. Manche Spitzensportler verfügen über eine Mischung aus Können und kuriosen Charakterzügen, die es ihnen erlaubt, erfolgreich gegen traditionelle Regeln zu verstoßen. Dies trifft auch auf einige Spitzenkünstler zu. Der Rest von uns tut dies auf eigene Gefahr.

Nachdem Sie an geeigneter Stelle etwas Bewegung in Ihren Vortrag gebracht und die Bühne genutzt haben, sollten Sie auf Ihre Grundposition zurückkehren (die sich im Idealfall vom Publikum aus gesehen links befindet) und ganz ruhig werden, sobald Sie die Aufmerksamkeit speziell fokussieren müssen. Wenn Steve Jobs seine Produkte vorstellte, wanderte er in der Anfangsphase über die Bühne, begrüßte das Publikum und genoss den Beifall. Manchmal fuhr er damit sogar noch fort, während er ein paar einleitende Folien zeigte. Wenn er jedoch wollte, dass sich das Publikum aufs Detail konzentrierte, oder das neue Produkt vorstellte, befand er sich wieder an seinem Ausgangspunkt auf der linken Seite der Bühne.

Gestik

Nachdem Sie gelernt haben, still zu halten – obwohl Sie daran, realistisch betrachtet, vermutlich regelmäßig arbeiten müssen –, können Sie nun überlegen, wie Sie Ihre Präsentationen durch den wohlüberlegten Einsatz von Gesten noch eindrucksvoller gestalten können. Wissen Sie noch, wie wichtig die visuelle Wahrnehmung ist, wenn es darum geht, Informationen aufzunehmen und zu behalten? Hier ist Ihre Gelegenheit, dieses Wissen in die Tat umzusetzen, indem Sie Ihre Worte mit den entsprechenden Gesten unterstreichen, zum Beispiel:

* nicken – wenn Sie Ja sagen,
* die Handflächen zeigen – um Offenheit zu unterstreichen,
* die Hände und Arme öffnen – um Wachstum und Entwicklung zum Ausdruck zu bringen,
* die Hände zusammenführen – um einen Zusammenschluss zu verdeutlichen,
* die Faust ballen – um Entschlossenheit zu vermitteln,
* mit den Händen auf »einerseits, andererseits« deuten – um Alternativen zu vergleichen,
* lächeln – um Freude zu zeigen.

Wie bei Wörtern, die Bilder malen, kann das Publikum das von Ihnen Gesagte nun nicht nur hören, sondern auch sehen. Im Idealfall sollte dies automatisch passieren. Je entspannter Sie als Referent werden und je mehr Sie Ihren eigenen Stil finden, desto deutlicher werden Sie merken, dass die Gestik von selbst kommt. Achten Sie zunächst auf die Gesten, die Sie ganz selbstverständlich verwenden, und überlegen Sie dann, wie Sie Ihre Kernaussagen mit zusätzlichen Bewegungen angemessen unterstreichen könnten.

Unabhängig davon, wofür Sie sich entscheiden, gilt: Sie müssen sich Ihrer – natürlichen wie geplanten – Gesten bewusst sein, da sie zu Ihren Worten passen müssen oder ihnen zumindest nicht widersprechen sollten. Abgesehen von den Menschen, die keinerlei Begeisterung zeigen, wenn sie von vermeintlich aufregenden Dingen sprechen, erlebe ich auch, dass Leute »Ja« sagen und dabei den Kopf von einer Seite zur anderen drehen. Die visuelle Wahrnehmung kann Ihren Worten sehr viel Kraft verleihen. Sie kann sie aber auch überwältigen, wenn es den Anschein hat, als stünde sie im Widerspruch dazu.

Nachdem ich weiter oben geschrieben habe, dass Videoaufnahmen nicht zwangsläufig eine Hilfe für Referenten sind, können sie dennoch sehr nützlich sein, um Widersprüche zu beseitigen oder sich störender Gesten bewusst zu werden, von denen Sie – genau wie von den Füllwörtern – vielleicht nichts ahnen. Manche Menschen wissen zum Beispiel einfach nicht, was sie mit ihren Händen anfangen sollen, und nehmen deshalb eine merkwürdige Haltung ein. Ich habe einmal mit einem Mann gearbeitet, der während der gesamten Präsentation die Arme zur Brust hob und die Hände waagerecht nach vorn streckte. Ich wurde ständig von dem Gedanken abgelenkt, dass eine solche Haltung doch unbequem werden musste. Ein anderer ließ immerzu den rechten Unterarm unterhalb des Ellbogens kreisen. Keiner von beiden war sich dieser ungewollten Gesten auch nur ansatzweise bewusst, aber dem Armkreiser fiel auf, dass dies seiner Art zu tanzen entsprach. Der beste Zeitpunkt für Videoaufnahmen ist, nachdem Sie die Grundlagen geschaffen haben und kleine Details ausbügeln möchten, wie ich sie hier genannt habe.

Die Antwort auf die Frage, was Sie mit Ihren Armen anstellen sollen, lautet übrigens, sie entspannt vor dem Körper hängen zu lassen und die Hände locker zu fassen. Dies verhindert, dass Sie zu sehr zappeln, und es ist gleichzeitig eine gute Ausgangsposition für effektive Gesten. Falls Sie eine Fernbedienung verwenden – und wenn Sie mit Folien arbeiten, ist das *unbedingt* angezeigt –, sind Ihre Hände ohnehin beschäftigt, was das Problem in den meisten Fällen löst.

Auf den Punkt gebracht

Werden Sie sich bewusst, wie wirkungsvoll Ihre persönlichen Mittel zur Publikumsbindung sein können, und Sie werden sie schon bald instinktiv und effektiv einsetzen.

Kapitel 12

Technische Möglichkeiten der Publikumsbindung

PowerPoint – so sorgen Sie dafür, dass es Ihren Vortrag unterstützt; Fernbedienung; Laserpointer; Filmausschnitte

12.1 PowerPoint – so sorgen Sie dafür, dass es Ihren Vortrag unterstützt

Nachdem wir uns mit den persönlichen Möglichkeiten der Publikumsbindung beschäftigt haben, kommen wir nun zu den technischen Mitteln, im Besonderen zu PowerPoint. Ich habe diese Reihenfolge gewählt, da ich ja bereits sagte: *Sie* sind die Show, PowerPoint spielt bestenfalls eine Nebenrolle.

Dessen eingedenk sollten Sie sich bemühen, sich zunächst einmal zu etablieren, bevor Sie zulassen, dass visuelle Hilfsmittel möglicherweise mit Ihnen um die Aufmerksamkeit Ihres Publikums konkurrieren. Daher könnte es sinnvoll sein, zunächst ohne PowerPoint-Präsentation anzufangen.

Sie werden häufig sehen, dass Magier und andere Künstler ihren Auftritt ohne weitere Hilfsmittel beginnen und beenden.

Selbst wenn es viele Nebendarsteller und eine ganze Reihe von Requisiten gibt, etablieren sie sich gern vorab und beschließen ihren Auftritt mit einem stillen, persönlichen Augenblick mit dem Publikum. Hier haben wir es wieder mit Regel 13 – Anfang und Ende – zu tun. Denken Sie daran: Ganz egal, was Sie verkaufen möchten, in den meisten Fällen kauft der Kunde letztlich *Menschen*.

Schauen Sie immer nach vorn

Die meisten Leute wissen, dass es schlechter Stil ist, lediglich die Folien vorzulesen. Vielen scheint jedoch entgangen zu sein, dass sie im Grunde gar nicht auf die Leinwand schauen sollten. PowerPoint soll keineswegs die Notizen ersetzen. Es ist keine Krücke für den Referenten, sondern dient dem Publikum zur Verdeutlichung. Leider stellen viele Menschen fest, dass sie sich aus den verschiedensten Gründen gezwungen fühlen, pausenlos auf die Leinwand zu starren, als hätten sie die eigenen Folien noch nie gesehen. Die Folge davon ist, dass sie nicht ins Publikum sprechen, das wichtige Element des Blickkontakts verloren geht und die Anwesenden lediglich einen hübschen Blick auf die Schulter des Referenten bekommen.

Programmfunktionen wie der *Moderatormonitor* von Apple (siehe Kapitel 8.3) zeigen dem Referenten, wo er gerade ist und wie es weitergeht – und der Blickkontakt zum Publikum bleibt gewahrt. Achten Sie deshalb darauf, immer einen Laptop oder Bildschirm vor sich zu haben. Falls die Referententools auf dem Gerät nicht installiert sind, bereiten Sie eine einfache Notiz mit der Auflistung der Folientitel in der richtigen Reihenfolge vor.

Zauberkünstler und Schauspieler bekommen eine Aversion dagegen eingeimpft, dem Publikum »den Rücken zuzukehren«. Das ist keineswegs eine reine Frage der Eitelkeit; wenn man Aufmerksamkeit lenken und etwas bewirken möchte, ist ununterbrochener Blickkontakt unverzichtbar. Es gibt nur einen Grund, *tatsächlich* auf die Leinwand zu sehen, nämlich um die Aufmerksamkeit darauf zu lenken. Denken Sie noch einmal an die Wettervorhersage: Ansager und Wetterkarte sind von links nach rechts angeordnet. Der Ansager zeigt mit dem Handrücken auf die Karte und wirft nur dann einen Blick darauf, wenn er auf wichtige Punkte aufmerksam machen möchte.

12.2 PowerPoints Funktionen optimal nutzen

In Kapitel 6 wurde der Punkt *PowerPoints Funktionen optimal nutzen* als zweites von drei Prinzipien aufgezählt, die Sie verstehen müssen, um »kraftvolle PowerPoint-Präsentationen« zu erstellen – Präsentationen, die Ihren Vortrag aktiv unterstützen. Wir werden nun einige Programmfunktionen betrachten, die vielen Referenten verborgen bleiben.

Die Bildschirmanzeige ausblenden

Wie ich bereits in Kapitel 6 kurz erwähnt habe, ist die B-Taste von unschätzbarem Nutzen:

- Wenn Sie während einer PowerPoint-Präsentation die Taste B drücken, wird der Bildschirm dunkel. Drücken Sie sie ein weiteres Mal, wird die Folie wieder sichtbar.

Diese Funktion ist ein besonders nützliches Hilfsmittel für Referenten, da sie dazu beiträgt, die Aufmerksamkeit erneut auf den Sprecher zu lenken und zu bestätigen, dass er die Kontrolle über die Situation hat. Sie durchbricht die Trance, in die das Publikum bei PowerPoint-Präsentationen fallen kann, da sie den Schwerpunkt von der Technik zurück auf den Menschen verlagert.

- Die Taste W erfüllt die gleiche Funktion – mit dem Unterschied, dass der Bildschirm nicht dunkel, sondern hell wird. Ein weiterer Tastendruck, und die Folie wird erneut angezeigt.
- Die Bildschirmanzeige lässt sich auch mit vielen Fernbedienungen ausblenden.

Die Möglichkeit, die Bildschirmanzeige auszublenden, ist sehr hilfreich, um die Aufmerksamkeit zu steuern. Bitte bedenken Sie auch, was geschieht, wenn Sie sie nicht nutzen. Normalerweise sollte auf der Leinwand ausschließlich ergänzendes Material zu dem Thema zu sehen sein, über das Sie gerade sprechen. Wenn Sie ein Bild zu einem Punkt stehen lassen, den Sie bereits vor zehn Minuten erörtert haben, wird dies eine ständige Ablenkung sein.

Das perfekte Beispiel dafür, wie wichtig die B-Taste ist, begegnete mir bei der Eigenpräsentation einer führenden PR-Beratung. Gegen Ende des Vortrags sagte der Referent – in einem geeigneten Augenblick: »Ich möchte Ihnen auch kurz von unseren lustigen Unternehmungen erzählen: Wir veranstalten Mädelsabende. [Hier erschien das Bild einer Gruppe junger Frauen, die sich bei einem solchen Anlass amüsieren.] Wir halten dies für eine wunderbare Möglichkeit, Beziehungen zu unserer wichtigsten Zielgruppe aufzubauen und zu festigen, bei der es sich meist um junge, alleinstehende Frauen handelt.« Er ging noch etwas weiter ins Detail, bevor sich sein Tonfall merklich veränderte, und er sagte:»Warum Sie uns den Zuschlag geben sollten? Aus drei Gründen: Erstens …« Diese Präsentation war in vieler Hinsicht beispielhaft, trotzdem achteten wir nicht so recht auf das, was er in diesem entscheidenden Augenblick sagte, weil wir noch immer das Bild der hübschen jungen Frauen betrachteten. Hätte er die Anzeige mit der B-Taste ausgeblendet, hätte er die Ablenkung ausgeschaltet, die Aufmerksamkeit für die wichtige Schlussbemerkung auf sich gelenkt und die Veränderung im Ton unterstrichen.

Die Tasten B und W sind natürlich auch dann hilfreich, wenn Sie Ihren Vortrag ohne PowerPoint beginnen und beenden möchten, wie ich zu Beginn dieses Kapitels sagte.

Flexibilität

Hier können wir zwei der sieben PowerPoint-Todsünden unmittelbar angehen – Nummer 2: *PowerPoint macht unflexibel*, und Nummer 5: *PowerPoint vernichtet die Kunst des Geschäftsgesprächs*.

Bei geschäftlichen Präsentationen erlebt man gelegentlich, dass die Zuhörer darauf brennen, einen bestimmten Aspekt zu erörtern, der vermutlich später im Vortrag zur Sprache kommen wird, und dass sie bereits vorher Fragen dazu stellen. Das Problem ist nur: Wenn Referenten mit PowerPoint arbeiten, denken sie gern, ihnen seien die Hände gebunden, und appellieren früher oder später an die Zuhörer:»Bitte haben Sie noch etwas Geduld. Wir werden in Kürze auf dieses Thema zu sprechen kommen« – in ungefähr 26 Folien!

• »Gehe zu«- Funktion

Da trifft es sich gut, dass Sie an jeden beliebigen Punkt einer Präsentation springen können – vorausgesetzt, Sie verfügen über eine Liste mit den Nummern aller Folien. Sie geben einfach die Nummer der gewünschten Folie ein, drücken die Eingabetaste, und Ihr Computer springt direkt an die entsprechende Stelle. Denken Sie aber bitte daran, dass Sie auch die Nummer der Ausgangsfolie wissen müssen, wenn Sie dorthin zurückkehren möchten.

In der Entscheidung, ob Sie sich die Reihenfolge Ihres Vortrags vom Publikum diktieren lassen möchten, müssen Sie sich auf Ihr Urteilsvermögen verlassen. Aber vergessen Sie dabei nicht, dass Sie sich in die Menschen einfühlen und Ihre Worte mit dem abstimmen sollten, was sie hören wollen. Unter Umständen kann es also durchaus am effektivsten sein, sofort zum Punkt zu kommen und auf das Lieblingsthema der Anwesenden einzugehen. Am denkwürdigsten sind immer die Seminare, in denen eine so rege Diskussion zustande kommt, dass meine PowerPoint-Präsentation überflüssig wird und ich sie einfach beende (oder die Taste B drücke und es dabei belasse).

• Hyperlinks

Hyperlinks sind eine formalisierte, vorab geplante Version der »Gehe zu«-Funktion. Bei PowerPoint können Sie eine bestimmte Folie mit einem verborgenen Link versehen, der Sie sofort an Ihr Ziel bringt. Das macht Sie flexibel und hat den zusätzlichen Vorteil der Offenheit.

Ich ermutige Firmen wie Marketingagenturen, mit Hyperlinks zu arbeiten, wenn Sie im Rahmen einer Eigenpräsentation Fallstudien vorstellen. Für gewöhnlich zeigt man eine Kundenliste, die meist aus einer Reihe von Logos besteht. Danach geht man ausgewählte Fallstudien durch. Ein solcher Vortrag kann deutlich an Kraft gewinnen, wenn Sie eine Sammlung von Kundenlogos zeigen und die Anwesenden bitten zu wählen, über welchen Ihrer Auftraggeber sie etwas erfahren möchten. Das funktioniert wie bei einer Jukebox: Sie klicken auf das Logo und PowerPoint springt direkt zur entsprechenden Fallstudie. Am Ende des Beispiels bringt Sie ein weiterer verborgener Hyperlink zur Logoauswahl zurück.

Der Vorteil ist, dass sich die Anwesenden keine Geschichten anhören müssen, die sie nicht interessieren. Ihre Zuhörer haben das Gefühl, das Sagen zu haben, und die Agentur macht einen sehr offenen Eindruck, als würde man sagen: »Sie können fragen, was Sie möchten, und sich jederzeit gern bei allen unseren Kunden erkundigen.« In Wirklichkeit hat die Agentur die vorhandene Auswahl natürlich eingegrenzt, so wie auch ein Zauberkünstler die Auswahl der vorhandenen Spielkarten meist eingeschränkt hat, wenn er sagt: »Ziehen Sie eine Karte, egal welche.«

Um die Hyperlink-Funktion zu verwenden, müssen Sie in PowerPoint zuerst auf »Einfügen«, dann auf »Hyperlink« klicken und die weiteren Anweisungen befolgen. Achten Sie aber auf die automatische Farbgebung: Sobald ein Hyperlink in einer Präsentation angeklickt wird, ändert sich die Schriftfarbe, um zu zeigen, dass er schon einmal benutzt wurde. Da PowerPoint in seiner entgegenkommenden Art stets von sich aus Formate und so weiter vorschlägt, wird das Programm eine Farbe vorgeben. Es könnte allerdings durchaus sinnvoll sein, einen etwas weniger grellen Ton zu wählen.

Auf die Folien schreiben

PowerPoint bietet Ihnen sogar die Möglichkeit, bestehende Folien handschriftlich mit Text, Pfeilen oder zusätzlichen Elementen zu ergänzen oder leere Folien völlig neu zu gestalten. Klicken Sie dazu während der Bildschirmpräsentation auf den Stift in der unteren linken Ecke. Es erscheint ein Menü, das Ihnen die Möglichkeit gibt, unter verschiedenen Stiften – inklusive Textmarker –, Farben und Stiftbreiten zu wählen.

Ich würde Ihnen raten, diese Funktion nur zu verwenden, wenn Sie sehr viel Übung damit haben. Auf einer Mausunterlage lässt sich nicht besonders präzise zeichnen und es kommen ständig neue, benutzerfreundlichere Optionen auf den Markt, die es Ihnen ermöglichen, mit einem stiftähnlichen Instrument zu arbeiten. Falls Sie zum Beispiel beim Brainstorming sehr viel zeichnen müssen, lohnt die Investition in diese neuen technischen Hilfsmittel. Ein Vorteil ist, dass Sie Ihre Arbeit auf dem Computer speichern können, ohne sich von Ihrem Publikum abwenden zu müssen.

Sie können die Zeichenfunktion von PowerPoint unter anderem dadurch sinnvoll nutzen, dass Sie Freihandzeichnungen vorab anfertigen. Angenommen, Sie haben eine Folie mit zehn Optionen und möchten, dass sich Ihr Publikum für zwei davon entscheidet. Dann könnten Sie diese Folie kopieren und die Punkte einkreisen, die Sie hervorheben möchten, oder die Punkte durchstreichen, die Ihre Zuhörer ignorieren sollen. Zeigen Sie nun die erste Folie, erörtern Sie alle zehn Optionen und gehen Sie dann zu der Folienversion weiter, die Ihre Empfehlungen so anschaulich macht, als hätten Sie sie soeben beschriftet.

12.3 Fernbedienung

Benutzen Sie eine Fernbedienung, sooft Sie können – im Idealfall die eigene, mit der Sie bestens vertraut sind und gut zurechtkommen.

Sie brauchen eine Fernbedienung, denn obwohl Sie sich nicht
allzu viel bewegen sollten, wollen Sie auch weder an Ihren Laptop gefesselt sein noch jedes Mal zum Wechseln der Folie eine
Taste drücken müssen – und erst recht nicht Gefahr laufen, dabei die falsche zu erwischen.

Der Folienwechsel sollte insofern eine gewisse Ähnlichkeit
mit dem Schalten beim Autofahren haben, als Sie ihn bald beherrschen werden, ohne hinsehen oder gar darüber nachdenken zu müssen. Besorgen Sie sich deshalb eine Fernbedienung,
die gut in der Hand liegt und sich auch ohne einen prüfenden
Blick einfach und präzise bedienen lässt. Leider wurde bei einigen modernen Modellen mehr Wert auf die Form als auf die
Funktion gelegt, sodass sich damit keine dieser wichtigen Aufgaben mühelos erledigen lässt.

Eine gute Fernbedienung sollte außerdem einen integrierten
Laserpointer und eine Ausblendtaste haben, damit Sie noch
nicht einmal die Hand nach der B-Taste auf Ihrem Laptop aus-
strecken müssen. Vermutlich wird sie auch über einen Timer
mit Vibrationsalarm verfügen, was ich ein wenig überflüssig
finde.

12.4 Laserpointer

Ich bin kein großer Freund von Laserpointern. Das liegt vor allem daran, dass nicht einmal Menschen mit einem besonders ruhigen Händchen ein Zittern verhindern können und am Ende ein kleiner bunter Punkt an der Stelle herumhüpft, die Sie hervorheben möchten. Ich lege lieber – buchstäblich – selbst Hand an und zeige mit dem Finger auf die gewünschte Stelle. Es macht nichts, wenn ich dabei kurz einen Schatten auf die Leinwand werfe; er bringt mich mit dem dargestellten Punkt in Verbindung. Allerdings kann die Leinwand gelegentlich einfach zu groß oder zu hoch für Sie sein, sodass Ihnen nichts anderes übrig bleibt, als einen Laserpointer zu verwenden, um bestimmte Punkte hervorzuheben.

Sie könnten sich fragen, weshalb sie der besonderen Hervorhebung bedürfen. Ist Ihre Folie vielleicht zu überladen? Da es zweifellos Situationen gibt, in denen Sie eine Zeigehilfe brauchen, sollte Ihre Fernbedienung am besten mit einem Laserpointer ausgestattet sein. So haben Sie ein Gerät weniger, das Sie bedienen müssen, das Platz wegnimmt und dessen Batterien leer werden können. Wenn Sie die Wahl haben, sollten Sie sich für einen grünen Laserpointer entscheiden, da Grün erwiesenermaßen besser zu sehen ist als das gängigere Rot.

12.5 Filmausschnitte

Beim Einspielen von Filmausschnitten gilt Murphys Gesetz – *Alles, was schiefgehen kann, wird auch schiefgehen* – mehr denn je. Wie oft erleben Sie, dass die Videoeinspielungen bei Präsentationen gar nicht oder erst nach einer Reihe von Pannen, an der falschen Stelle, ohne Bild, ohne Ton oder in der falschen Lautstärke einsetzen? Ein Element, das Ihre Präsentation aufwerten, illustrieren und erhellen sollte, untergräbt sie stattdessen. Der Eindruck von Schwung und Tempo verfliegt – genau wie Ihr Selbstvertrauen.

Aus diesen Gründen habe ich im Abschnitt *Vorbereitung* in Kapitel 7.4 unter anderem folgende Empfehlungen gegeben:

• Verwenden Sie nach Möglichkeit Ihr eigenes Gerät.
• Verwenden Sie unterschiedliche Geräte für PowerPoint und DVD.
• Bedienen Sie die Geräte nach Möglichkeit selbst.

In einer perfekten Welt würden Sie wie folgt vorgehen:

• Sie haben Ihren Laptop und ein tragbares DVD-Gerät vor sich. Sie haben die DVD eingelegt, die korrekte Anfangszeit eingestellt (die auf dem Display des DVD-Geräts angezeigt wird) und auf »Pause« gedrückt. Denken Sie bitte daran, dass viele Geräte nach einer Weile in den Ruhemodus wechseln. Drücken Sie die Pausentaste deshalb erst möglichst kurz vor der geplanten Einspielung.

Für einen reibungslosen Wechsel von PowerPoint zur DVD müssen Sie nun nur noch Folgendes tun:

• Stellen Sie die Eingabequelle mit der Fernbedienung des Projektors oder des Fernsehgeräts von Computer auf AV.

- Drücken Sie sofort im Anschluss auf »Play«, um die DVD abzuspielen.
- Drücken Sie die Pausentaste, um den Film anzuhalten.
- Wählen Sie als Eingabequelle wieder den Computer, um PowerPoint zurückzuholen.
- Schalten Sie das DVD-Gerät aus (sonst könnte es sein, dass der Ton weiterläuft).

Wenn ein Techniker die Filmausschnitte einspielen muss, weil Sie zum Beispiel auf einer Bühne sprechen, klären Sie das persönlich mit ihm und

- legen Sie sowohl mündlich als auch in einer kurzen schriftlichen Anweisung klar fest, an welchen Stellen die Filmeinspielung beginnen und enden soll.
- bereiten Sie DVDs mit eindeutig gekennzeichneten Kapiteln vor – im Idealfall sollten sie nur das Kapitel enthalten, das kurz vor der vereinbarten Stelle beginnt.
- geben Sie dem Techniker möglichst nur das Material, das er tatsächlich braucht. Wenn Sie einen kurzen Ausschnitt zeigen möchten, geben Sie ihm also eine DVD, die nur diesen Clip enthält, und verhindern Sie damit, dass ein falscher Film gezeigt wird, er den Ausschnitt nicht findet oder ihn nicht korrekt einspielt.
- vergessen Sie nicht, Ihre DVD mitzunehmen, wenn Sie nach Hause gehen.

Filmausschnitte sollten gewissermaßen per definitionem kurz sein. Glauben Sie also nicht, sie bis zum Ende abspielen zu müssen. Das könnte nur zu leicht das Tempo der ganzen Präsentation drosseln, statt Lebhaftigkeit, Bewegung und Veränderung hineinzubringen. So, wie Sie sich während des Vortrags der Stimmung im Publikum bewusst sein und Ihren Beitrag je nach Reaktion kürzen oder ausweiten sollten, sollten Sie auch mit Filmausschnitten verfahren. Der ideale Clip sollte über eine ganze Reihe von Stellen verfügen, an denen eine Unterbrechung möglich ist. Dann können Sie die Einspielung kurz halten, wenn dies der allgemeinen Stimmung zu entsprechen scheint, oder den Film weiterlaufen lassen, wenn die Zuschauer sichtlich Freude daran haben. Dies ist ein weiterer guter Grund, weshalb Sie Geräte nach Möglichkeit selbst bedienen sollten.

Gelegentlich werden Sie einen Ausschnitt auch kommentieren wollen. Dann müssen Sie vorab entscheiden, ob Sie einfach in den Film hineinsprechen, ihn vorübergehend anhalten oder den Ton leiser stellen möchten. Die Antwort wird von einer Reihe von Faktoren abhängen, etwa der Lautstärke des Films und dem Raum, in dem Sie sich befinden. Sie kann auch davon diktiert werden, ob Sie selbst die Kontrolle haben oder nicht. Wenn Sie sehr kurze Anmerkungen machen – was im Allgemeinen am besten ist – könnte es am einfachsten sein, in den Film hineinzusprechen. Aber achten Sie darauf, dass kein akustisches Durcheinander entsteht, in dem man nichts richtig hören kann.

Auf den Punkt gebracht

Bitte bedenken Sie, dass Sie es lediglich mit Hilfsmitteln zu tun haben, und behandeln Sie sie entsprechend. Wählen Sie Ihre Favoriten, setzen Sie sie nur ein, wenn es nötig ist, und lassen Sie ihre nützlichsten Funktionen für sich arbeiten.

Kapitel 13

Aufmerksamkeitslenkung

Einen Fokus schaffen; einen neuen Fokus setzen; der Einsatz visueller Hilfsmittel; was den Blickkontakt stört

Im Stadium des *Präsentationsaufbaus* haben Sie unter anderem folgende Vorbereitungen getroffen, um nun die größtmögliche Wirkung zu erzielen:

- Sie haben klare Ziele definiert und festgelegt, was getan werden muss, um sie zu erreichen – Kapitel 3.1
- Sie haben den Fokus auf das gelegt, was Ihr Publikum in Erinnerung behalten soll (Regel 5) – Kapitel 3.1
- Sie haben Ihren Vortrag speziell auf dieses Publikum zugeschnitten (Regel 4) – Kapitel 2.3 und 2.4
- Sie haben den Inhalt gegliedert, um Abwechslung zu schaffen und so das Interesse zu erhalten (Regel 11) – Kapitel 3.4
- Sie haben Ihr Material überarbeitet – und dabei ein paar »Darlings gekillt« –, um sicherzustellen, dass jedes Element Ihre Kernbotschaften stützt und die Geschichte aktiv vorantreibt (Regel 10) – Kapitel 4.5

13.1 Einen Fokus schaffen

Wenn die Magie in Sekundenschnelle passieren muss, ist es für den Zauberkünstler unerlässlich, dass die Aufmerksamkeit zur rechten Zeit am rechten Ort ist, sonst ist alles sinnlos.

Sie können Aufmerksamkeit nur dann richtig lenken, wenn Sie die Kunst des Blickkontakts beherrschen, und wie ich bereits in Kapitel 11.2 ausgeführt habe, sind Zauberkünstler hier deutlich im Vorteil. Wenn Sie intensiven Blickkontakt pflegen, werden die Anwesenden Ihren Augen folgen und sehen,

- was Sie ansehen,
- worauf Sie zeigen,
- wohin sie Ihren Anweisungen zufolge sehen sollen.

Es sollte jedoch auch erwähnt werden, dass ihr Blick mit noch größerer Wahrscheinlichkeit dorthin wandern wird,

- wo Bewegung, Geräusche oder Kontraste sind,
- wo es etwas Neues oder anderes zu sehen gibt.

Wenn ich die letzten beiden Punkte in meinen Seminaren erkläre, wirkt ein großer Teil der Zuhörer plötzlich abgelenkt, dreht sich um und sucht mit den Augen den hinteren Teil des Raumes ab. Sie haben in der Ecke das Miauen einer Katze gehört. Natürlich handelt es sich dabei um einen Geräuscheffekt, den ich per Fernbedienung ausgelöst habe. Er beweist jedoch, dass alle Dinge, die Aufmerksamkeit zu erregen und zu halten vermögen, sowohl Ihr Freund als auch Ihr Feind sein können.

Aus diesem Grund sollten Sie mit drei speziellen Strategien so gut wie möglich die Kontrolle über alle Faktoren behalten, welche die Aufmerksamkeit auf sich ziehen können:

1. Legen Sie die Sitzordnung fest und weisen Sie den Zuhörern Plätze zu, an denen ihr Blick automatisch auf die Sprecher und ihre visuellen Hilfsmittel fällt und mögliche Ablenkungen wie das, was vor dem Fenster oder vor einer gläsernen Trennwand vor sich geht, ausgeschaltet werden.

2. Verhindern Sie Ablenkungen, wo Sie nur können. Ich habe bereits erwähnt, dass Sie alles wegräumen sollten, was während Ihrer Präsentation den Blick des Publikums anziehen könnte. Denken Sie dabei auch an die spontanen Unterbrechungen. Der Klassiker ist, wenn Kaffee serviert wird.

Wie oft ist es Ihnen oder einem Kollegen schon passiert, dass Sie gerade mit der Präsentation begonnen hatten, als der Kaffee kam? In einem der wichtigsten Augenblicke kommen Sie gegen das Klappern von Tassen und Tellern und die geflüsterte Frage »Nehmen Sie Zucker?« einfach nicht an. Unterbrechen Sie deshalb lieber Ihren Vortrag und betonen Sie dies dadurch, dass Sie beim Servieren helfen. Auf diese Weise beschleunigen Sie den Vorgang und behalten die Situation unter Kontrolle.

Zauberkünstler haben reichlich Erfahrung auf diesem Gebiet, da bei fast jeder Vorstellung ein paar Nachzügler dabei sind und ein großer Teil davon nach Plätzen in den vorderen Reihen sucht. Spitzenmagier haben erprobte Strategien, wie sie damit umgehen. Sie kommentieren den Vorgang entweder mit ein paar launigen Sprüchen oder beginnen einfach mit einem Prolog, der ihnen hilft, eine Beziehung zum Publikum aufzubauen, und der gleichzeitig die Wahrscheinlichkeit erhöht, dass auch die Nachzügler da sind, wenn sie schließlich zu den wichtigen Dingen kommen.

3. Versuchen Sie auch nicht, mit unvermeidlichen Störungen – etwa dem Sirenengeheul eines vorüberfahrenden Rettungs- oder Polizeiwagens – zu konkurrieren. Halten Sie einen Augenblick inne, machen Sie eine geistreiche Bemerkung, falls Ihnen etwas dazu einfällt, und fahren Sie fort, wenn die Ablenkung vorbei ist. Bei anhaltenden Störungen, etwa bohrenden Handwerkern, werden Sie sich wohl auf eine Form von Bestechung verlegen müssen, um eine Planänderung oder eine vorgezogene Teepause anzuregen.

In bestimmten Situationen kann es nötig sein, die Aufmerksamkeit zurückzuholen, und zwei hervorragende Zauberkünstler haben hilfreiche Vorschläge dazu. Wenn man vor einem Publikum spricht, in dem einer oder mehrere Zuhörer wiederholt hüsteln, rät Derren Brown, leiser zu sprechen. Er sagt, die instinktive Reaktion sei es eigentlich, lauter zu werden. Senke man dagegen die Stimme, sei das Publikum gezwungen, besser aufzupassen, und die Hustenden gerieten unter Druck. Wenn jemand schwatzt, empfiehlt David Berglas, auf die Sprechenden zuzugehen, ohne sie direkt anzusehen. Reden sie auch dann noch weiter, fragt er spitz: »Können Sie mich auch in den hinteren Reihen hören?« Bei einer positiven Antwort sieht er die Schwatzenden direkt an und sagt:»Gut. Ich höre Sie auch.«

13.2 Einen neuen Fokus setzen

Nur, wenn der Zauberkünstler das Publikum von Anfang an fest im Griff hat, kann er die Aufmerksamkeit dorthin lenken, wo er sie haben möchte.

Gelegentlich müssen Sie die Aufmerksamkeit in neue Bahnen lenken – entweder weil es Zeit ist, zu einem neuen Thema überzugehen, oder weil Sie etwas Bewegung und Veränderung in Ihren Vortrag bringen möchten (Regel 11), um die Konzentrationsphasen zu verkürzen und so dazu beizutragen, die Aufmerksamkeit zu erhalten.

Wir haben bereits darüber gesprochen, dass Variationen in Lautstärke und Stimmführung vor allem dann helfen können, einen neuen Fokus zu setzen, wenn Sie zum Beispiel illustrierende Anekdoten erzählen. Es gibt auch eine Reihe stärker körperbetonter Möglichkeiten, die Aufmerksamkeit umzulenken, zum Beispiel:

- Sie treten hinter Ihrem Pult hervor und nähern sich dem Publikum, um größere Nähe zu schaffen.
- Sie beugen sich vor. Bei Besprechungen im kleinen Rahmen bedeutet dies, dass Sie Ihren Zuhörern näher kommen möchten, um einen Punkt zu unterstreichen, den sie nicht nur verstehen, sondern auch empfinden sollen.

- Sie senken die Stimme. Wenn Sie kurz leiser werden, können Sie damit die gleiche Wirkung erzielen wie mit den eben genannten Strategien. Das Publikum wendet sich Ihnen stärker zu, da es gezwungen ist, genauer hinzuhören.

Sie können auch eine weitere Taktik verwenden und einfach darauf hinweisen, dass Sie gleich etwas Bedeutsames oder Wichtiges sagen werden. Mit dieser Technik arbeiten zwei grundverschiedene britische Persönlichkeiten, weshalb ich sie die »Blair-Daniels-Technik« nenne.

- Will der ehemalige britische Premierminister Tony Blair eine Sache besonders deutlich machen, schickt er folgenden Satz voraus: »Wirklich wichtig aber ist, dass …«
- Auch Paul Daniels, der berühmteste britische TV-Magier, kündigt den großen Augenblick bei einem Trick mit den Worten an: »Passen Sie jetzt gut auf, denn das ist einfach unglaublich …«

Beide verlangen in entscheidenden Momenten noch mehr Aufmerksamkeit und verleihen so ihrer großen Botschaft einen Rahmen. Wichtig ist, die »Blair-Daniels-Technik« mit dem Blickkontakt zu kombinieren, der in beiden Fällen noch ein klein wenig intensiver wird, während Sie um Aufmerksamkeit bitten. Anschließend richtet Daniels den Blick dorthin, wohin auch sein Publikum sehen soll.

Denken Sie zum Schluss daran, die Bildschirmanzeige gegebenenfalls mit der B- oder W-Taste auszublenden. Sie sollten das Bild zwar nicht ständig an- und ausschalten. Andererseits sollte auf der Leinwand auch nur dann etwas zu sehen sein, wenn es das unterstützt, was Sie gerade sagen.

13.3 Vom Umgang mit visuellen Hilfsmitteln

Die visuellen Hilfsmittel – oder Requisiten – können über den erfolgreichen Auftritt eines Zauberkünstlers entscheiden. Im besten Fall unterstützen sie das, was der Magier tut; im schlimmsten Fall verwirren sie das Publikum und lenken vom Magier ab.

In den Stadien *Präsentationsaufbau* und *-vorbereitung* haben Sie unter anderem folgende Vorbereitungen getroffen:

- Sie haben visuelle Hilfsmittel gestaltet, die Sie sowohl in Ihrem Vortrag unterstützen als auch für Abwechslung sorgen – Kapitel 4.6
- Sie haben Ihre visuellen Hilfsmittel an die Größe des Publikums angepasst – Kapitel 4.6
- Sie arbeiten mehr mit der Strichbreite als der Schriftgröße, um sicherzustellen, dass Schriften gut lesbar sind – Kapitel 4.6
- Sie haben die Handhabung Ihrer visuellen Hilfsmittel geplant und wissen, wo Sie sie aufbewahren und später wieder verstauen werden – Kapitel 8.2

Im Stadium des *Vortrags* lautet die einfache Dreierregel für den Umgang mit visuellen Hilfsmitteln:

1. Sorgen Sie dafür, dass sie deutlich zu sehen sind – halten Sie sie ruhig, gerade und nah am Körper.
2. Lassen Sie sich Zeit – länger, als Ihnen natürlich erscheint.
3. Räumen Sie sie wieder weg – sofern sie nicht länger stehen bleiben sollen.

Es kommt oft vor, dass sich Leute die Mühe machen, visuelle Hilfsmittel mitzubringen, griffbereit zu halten und im richtigen Augenblick hervorzuholen. Doch dann verschwenden sie diese Zeit und diese Mühe, indem sie den Gegenstand nur flüchtig – zu schnell und in einem ungünstigen Winkel – zeigen, was für das Publikum eher frustrierend als erhellend ist. Nichts ist schlimmer als Anschauungsmaterial, das den Anwesenden keine Hilfe ist.

Beliebt ist auch das Szenario, dass es dem Referenten zwar gelingt, seine visuellen Hilfsmittel erfolgreich zu präsentieren, er die Sachen dann aber einfach stehen lässt, sodass sie zu einer ständigen Ablenkung werden. Erinnern Sie sich noch an den Seminarteilnehmer, dem es nicht gelang, unsere Aufmerksamkeit auf seine Schlussargumente zu lenken, weil er die Folie vom Mädelsabend eingeblendet ließ? Im Allgemeinen müssen Sie alle visuellen Hilfsmittel unmittelbar nach ihrem Gebrauch wieder entfernen. Diese Regel hat allerdings auch ihre Ausnahmen. Möglicherweise soll im Laufe Ihrer Präsentation nach und nach ein Gesamtbild entstehen. In diesem Fall kann es hocheffektiv sein, Anschauungsmaterial strategisch im Raum zu platzieren – solange Sie dies sorgfältig planen.

Wahrscheinlicher ist, dass triftige Gründe dafür sprechen, ein Bild stehen zu lassen, das den Grundton für die gesamte Präsentation vorgibt oder als gedanklicher Anstoß dient, den das Publikum mitnehmen soll. Naturgemäß ist es am besten, Bilder entweder am Anfang oder am Ende länger stehen zu lassen. Eine Variante davon ist, wenn man ein Bild dazu verwendet, »den Kreis zu schließen«. In diesem Fall stellen Sie es zu Beginn vor, um den Ton der Präsentation vorzugeben, blenden es während des Vortrags aus oder räumen es weg, und holen es zum Schluss wieder heraus, um das Publikum zum Ausgangspunkt zurückzuführen.

Bei einigen Zaubertricks, die meine Seminarteilnehmer vorführen müssen, arbeiten sie mit Karten, die mit Wörtern und Bildern bedruckt sind. Die Abbildungen sind im Allgemeinen auf ihr Unternehmen oder ihre Organisation zugeschnitten. Hauptziel der Übung aber ist, die Teilnehmer in der Handhabung visueller Hilfsmittel zu schulen. Die Aufgabe, ein paar Karten hochzuhalten, hört sich so einfach an. Aber schon bald merken sie erstens, wie ungeschickt man unter Druck werden kann und wie wenig zweitens darüber entscheidet, ob es ihnen gelingt, das Anschauungsmaterial zu ihrem Vorteil zu präsentieren, oder ob sie damit nur Verwirrung stiften.

Nachdem Sie Ihr Anschauungsmaterial präsentiert haben, sollten Sie sich davor hüten, es herumzugeben. Ein solches Vorgehen mag selbstverständlich, entgegenkommend und hilfreich scheinen, führt aber hauptsächlich dazu, dass Ihnen währenddessen nach und nach die Zuhörer wegbrechen – vor allem, wenn sie auch noch das Bedürfnis verspüren, einander Kommentare zuzuflüstern. Im Allgemeinen ist es besser, den betreffenden Gegenstand zu zeigen und es dem Publikum freizustellen, nach dem Vortrag nach vorn zu kommen und ihn sich anzusehen. So bleibt die Aufmerksamkeit aller Anwesenden weiter auf Sie gerichtet und Sie können zum nächsten Punkt kommen. Außerdem verschwenden Sie keine Mühe auf diejenigen, die nicht das Bedürfnis haben, sich den Gegenstand genauer anzusehen.

Schaubilder und Diagramme

Bei Schaubildern und Diagrammen müssen Sie sich etwas Zeit nehmen, um Ihrem Publikum zu helfen, sich mit den Achsen, der Legende, dem verwendeten Maßstab sowie dem abgedeckten Zeitraum oder anderen Details vertraut zu machen. Erst dann werden Ihre Zuhörer wirklich zu schätzen wissen, was Sie mit dem Diagramm zum Ausdruck bringen möchten.

Meist aber geschieht Folgendes: Die Referenten kommen sofort zum Punkt, was zur Folge hat, dass das Publikum mit vielen verschiedenen visuellen Informationen gleichzeitig bombardiert wird. Da kann es den Leuten schwerfallen, das Schlüsselelement, auf das der Referent hinweist, überhaupt zu erkennen, geschweige denn seine volle Bedeutung zu verstehen. Ideal ist, zunächst eine Folie zu zeigen, auf der lediglich die Achsen zu sehen sind, damit das Publikum Aufbau und Größenordnung des Diagramms versteht – und keine Gelegenheit hat vorzugreifen. Auf diese Weise ist es bestens darauf vorbereitet, die Kernpunkte zu verstehen, wenn auf der folgenden Folie die Daten eingefügt werden.

Dieser schrittweise Ansatz kann vor allem dann nützlich sein, wenn Diagramme gezeigt werden sollen, die zum Beispiel die von einem Unternehmen im Laufe der Jahre erzielte Ertragssteigerung ins Verhältnis zum gesamten Markt setzen. Üblicherweise zeigen Referenten sofort das gesamte Diagramm – mit einer Linie für das Unternehmen und einer anderen für den gesamten Markt. Bei einem solchen Ansatz konfrontieren sie das Publikum nicht nur mit zu vielen Informationen auf einmal, sondern lassen auch die Gelegenheit ungenutzt verstreichen, eine großartige Geschichte zu erzählen und das Publikum zu fesseln, während sie sich entfaltet. Wenn Sie eine großartige Geschichte zu erzählen haben, sollten Sie sie nicht dadurch zunichtemachen, dass Sie gleich zu Beginn verraten, wie sie ausgeht. Überlegen Sie, wie Sie sie spannend machen können – wie Sie, wenn Sie so wollen, das Letzte aus ihr herausholen können – in etwa so:

- Zeigen Sie zunächst das Basisdiagramm, auf dem nur die Entwicklung des gesamten Marktes zu sehen ist.
- Erklären Sie die Achsen, dass zum Beispiel die vertikale Achse den Ertrag, die horizontale Achse einen Zeitraum von zehn Jahren zeigt.
- Erzählen Sie, wie sich der Markt im Allgemeinen im Laufe der Jahre entwickelt hat. Gehen Sie so weit ins Detail wie nötig, aber bemühen Sie sich, es kurz zu halten.
- Ergänzen Sie nun die Kurve Ihres Unternehmens, aber immer nur in Abschnitten von einigen Jahren, erzählen Sie dabei die Geschichte und erinnern Sie an relevante Dinge, die Sie über den Markt im Allgemeinen gesagt haben. Zum Beispiel:»Hier hat die Rezession begonnen« (während Sie auf den Abfall der Gesamtmarktkurve zeigen). Blenden Sie danach den nächsten Abschnitt der Entwicklung Ihres Unternehmens ein (der hoffentlich einen Anstieg zeigt).

- Nachdem Sie gezeigt haben, dass Ihr Unternehmen den Markt bislang stets übertroffen hat, können Sie nun etwas Spannung aufbauen, ob es auch weiterhin gelungen ist, diesen Vorsprung aufrechtzuerhalten.
- Enthüllen Sie den letzten Abschnitt der Entwicklung der Unternehmensleistung, um die Neugier zu befriedigen und das Bild zu vervollständigen.

Alles läuft darauf hinaus, dass Sie einen klaren Fokus oder in diesem Fall *einen klaren Fokus nach dem anderen* schaffen müssen, um die Gesamtwirkung zu erhöhen.

13.4 Was den Blickkontakt stört

Zauberkünstler unterbrechen den Blickkontakt nur dann, wenn das Publikum woanders hinsehen soll.

Inzwischen sollte offenkundig sein, wie wichtig Blickkontakt ist. Er ist der Schlüssel zur Aufmerksamkeitslenkung. Was aber geschieht in Situationen, in denen alle davon ausgehen, dass man ein Dokument durcharbeiten wird? Die Köpfe sind gesenkt, der Text steht im Mittelpunkt und es kann sein, dass die Aufmerksamkeit über das ganze Dokument schweift – wahrscheinlich sogar bis zu den entscheidenden Schlussfolgerungen und Zahlen, die den geplanten Höhepunkt bilden.

In bestimmten Branchen, vor allem solchen, die sich mit komplexen Daten beschäftigen müssen, wird es immer noch erwartet und ist es immer noch die Norm, Dokumente durchzuarbeiten. Dies ist mir vor allem bei der Arbeit mit Menschen aus dem

Finanzsektor aufgefallen. Ich habe mir ein paar PowerPoint-Präsentationen angesehen und die Referenten nach und nach dazu gebracht, den Blickkontakt zu verstärken. Als wir danach zur Präsentation eines Dokuments übergingen, schien alles, was ich gerade über den Blickkontakt gesagt hatte, überflüssig zu werden.

Falls Ihr Publikum erwartet, dass ein Dokument durchgearbeitet wird, brauchen Sie schon einen sehr guten Grund, um gegen diese Erwartung zu verstoßen. Deswegen habe ich mit meinen Kunden aus der Finanzbranche eine Methode entwickelt, wie Sie beides haben können:

- Vermitteln Sie Ihre Kernpunkte, bevor Sie das Dokument austeilen – in einer Art ausgedehnter Vorbemerkung. Auf diese Weise haben Sie vollen Blickkontakt, vermeiden Ablenkungen und behalten die Kontrolle über den Veranstaltungsablauf.

- Nachdem Sie Ihre Präsentation im Grunde als eine Art Kopfzeile vorausgeschickt haben, teilen Sie das Dokument aus, um Details zu erörtern, die Ihre Argumentation stützen.

- Behalten Sie auch in dieser Phase die Kontrolle über die Situation, indem Sie dem Publikum sagen, wo es hinsehen soll. Sagen Sie zum Beispiel: »Ich werde nun die Dokumente austeilen und möchte Sie bitten, sofort Seite fünf aufzuschlagen, wo Sie … sehen werden.« Nachdem Sie sich gleich zu Beginn auf diese Weise Geltung verschafft haben, sollten Ihnen die Anwesenden bereitwillig folgen – vor allem wenn ein klarer Zusammenhang zu dem gerade erörterten Thema besteht.

Machen Sie auf diese Weise weiter: »Betrachten Sie nun bitte die erste Spalte auf Seite acht, wo …«, bis Sie Ihre Kernpunkte genannt haben und Sie zufrieden sind, wenn der Vortrag anschließend in eine allgemeine Diskussion übergeht.

Vergessen Sie nicht, zum Schluss die Zügel wieder in die Hand zu nehmen, damit Sie Ihre Kernpunkte noch einmal zusammenfassen und Ihre Zuhörer damit entlassen können.

Auf den Punkt gebracht

Ihre geistige Einstellung sollte der starken Überzeugung entspringen, dass »Sie Regie führen und dem Publikum sagen, was es zu tun hat«. Dies sollte allerdings gelingen, ohne dass sich die Anwesenden dessen wirklich bewusst sind.

Kapitel 14

Zur Wirkung Ihres Vortrags

*Ablenkungen großräumig verhindern; den »Einschlafpunkt« er-
kennen; Umgang mit Fragen; die Positionierung des Frage-und-
Antwort-Teils und der Höhepunkt Ihres Vortrags*

In den Stadien *Präsentationsaufbau* und *-vorbereitung* haben Sie
unter anderem folgende Vorbereitungen getroffen, um in dieser
Phase die größtmögliche Wirkung zu erzielen:

- Sie haben die Gestaltung und die optischen Schwerpunkte festgelegt – Kapitel 7.2
- Sie haben alles gründlich und bis ins Detail geplant, damit Sie sicher sein können, dass Sie auch wirklich wissen, was Sie sagen wollen – Kapitel 4.1
- Sie haben herausgefunden, welche Worte und Punkte
der besonderen Betonung und Klarheit bedürfen – Kapitel 8.2
- Sie haben Worte verwendet, die Bilder malen, damit Ihr
Publikum das, was Sie sagen, nicht nur hören, sondern
auch »sehen« kann – Kapitel 4.3
- Sie haben schwache Wörter durch starke ersetzt – Kapitel 4.3

- Sie haben negative Formulierungen in positive verwandelt – Kapitel 4.4
- Sie sprechen möglichst viele der fünf Sinne an – Kapitel 2.5

Anschließend müssen Sie eine Reihe von Punkten in Betracht ziehen, um sicher sein zu können, dass Ihre Präsentation tatsächlich die bestmögliche Wirkung entfaltet.

14.1 Ablenkungen großräumig verhindern

Regel 9 – Die weitere Umgebung kann Ihrer Botschaft zu- oder abträglich sein.

Im Abschnitt zu *Ankunft und Aufbau* (Kapitel 9) haben wir geraten, Ablenkungen aus Ihrem unmittelbaren Umfeld zu entfernen – und Situationen zu vermeiden, in denen Ihnen zum Beispiel eine Meerjungfrau während des Vortrags die Aufmerksamkeit stiehlt. Was aber ist mit der weiteren Umgebung? Können Sie etwas gegen all die anderen Dinge tun, die Ihren Zuhörern vielleicht durch den Kopf gehen und sie möglicherweise von Ihrem Vortrag ablenken?

Wenn Sie wissen, dass ein bestimmtes Thema die Menschen unweigerlich beschäftigen wird, sollten Sie in Ihrer Kommunikation nach Möglichkeit darauf eingehen. Alastair Campbell, Tony Blairs Kommunikationschef, war ein Meister darin. Er war wie ein Zauberkünstler der Auffassung, dass alles den Dingen, die er mitteilen wollte, entweder zu- oder abträglich sein konnte. Er verwendete ein Nachrichtenmanagementsystem namens

»The Grid«, eine Art Rastersystem, in dem er alle Bekanntma-
chungen der Regierung verzeichnete, die er in den kommenden
Wochen plante. Danach trug er überregionale Ereignisse wie
wichtige Sportveranstaltungen und Anlässe ein, über die die
Medien ausführlich berichten würden.
Hatte zum Beispiel das englische Fußballteam am Abend vor
einer wichtigen Bekanntmachung ein großes Spiel, plante er in
dem Wissen, dass sich ein erheblicher Teil der Bevölkerung und
der Medien in einem Zustand der Euphorie oder der tiefen De-
pression befinden konnte, wenn die Nachricht veröffentlicht
wurde. Musste ein Popstar wegen eines Verkehrsdelikts vor Gericht erscheinen, konnte dies durchaus mit einer Ankündigung
des Innenministers zusammenfallen. In diesem Fall wäre es
möglich, dass die beiden Geschichten miteinander in Verbindung gebracht würden, und es wäre weiter zu überlegen, ob dies
die Mitteilung der Regierung unterstützen oder beeinträchtigen
würde, was hier konkret hieße: Sollte Campbell dem Innenmi-
nister raten, seine Ankündigung vorzuziehen oder zu verschieben?
Um dieses Prinzip auf geschäftliche Präsentationen zu übertragen, müssen Sie überlegen, was Ihr Publikum zum Zeitpunkt
Ihres Vortrags beschäftigen könnte, und in der Kommunikation
darauf eingehen.

- Ist der Betreffende ein großer Fan eines bestimmten
  Tennisspielers, der ausgerechnet an diesem Nachmittag
  im Viertelfinale von Wimbledon antreten wird? Wenn
  ja, bieten Sie entweder an, die Besprechung zu verlegen
  oder etwas früher anzufangen und aufzuhören – zusammen mit dem Versprechen, dass er sich das Spiel in

aller Ruhe auf der großen Leinwand im Besprechungs-
raum ansehen kann.

- Haben Sie erfahren, dass Ihre Gäste einen bestimmten
Zug erwischen müssen, um rechtzeitig bei einer weiteren wichtigen Konferenz zu sein? Wenn ja, informieren
Sie gleich zu Beginn der Besprechung im ersten Tages-
ordnungspunkt über die von Ihnen getroffenen Reise-
vorbereitungen. Fordern Sie die Anwesenden auf, einen
Blick aus dem Fenster zu werfen, wo bereits ein Wagen
auf sie wartet, und erklären Sie, dass Sie zehn Minuten
früher aufhören werden als geplant – für den Fall, dass
es Verkehrsprobleme gibt.

Tun Sie, was Sie können, um alle Faktoren auszuschalten, die Ihr
Publikum von Ihrer Botschaft ablenken könnten. Ich hielt
gerade ein Tagesseminar für Mitarbeiter eines großen Automo-
bilherstellers, als durchsickerte, dass in Kürze umfassende Stel-
lenkürzungen und die Teilschließung eines der Werke bekannt
gegeben werden würden. Bald war klar, dass die Anwesenden
natürlich mit den Gedanken woanders waren. Statt einfach wei-
terzukämpfen, schlug ich deshalb vor, eine ganze Stunde Pause
zu machen und danach die Situation noch einmal neu zu beur-
teilen. Die Teilnehmer waren dankbar, dass ich Mitgefühl zeigte
und selbst die Initiative ergriffen hatte, eine Unterbrechung vor-
zuschlagen, die sie ohnehin bald gefordert hätten. Sie gingen,
erledigten so viele Anrufe, wie sie konnten, und innerhalb von
25 Minuten waren wir wieder vollzählig. Sie erkannten, dass sie
nicht viel mehr tun konnten als abzuwarten und dass die Schulung sie auf andere Gedanke brachte. Ich hatte die Ablenkung so
weit wie möglich unterbunden.

14.2 Den »Einschlafpunkt« erkennen

Es spielt keine Rolle, wie gut Sie sind – in fast allen Präsentationen kommt ein Punkt, an dem die Zuhörer »einzuschlafen« oder wegzudriften drohen. Für gewöhnlich ist dies nach etwa drei Vierteln des Vortrags der Fall, wenn sich die Anwesenden auf Sie eingestellt haben und völlig entspannt in ihren Sesseln sitzen. Versuchen Sie bereits vor dem letzten Weckruf, mit dem Sie den Höhepunkt Ihres Vortrags ankündigen, dieses wohlige Gefühl zu erschüttern und die Aufmerksamkeit Ihres Publikums erneut zu schärfen.

Ich verwende in dieser Situation unter anderem folgende Tricks:

- Ich stelle eine unerhörte Behauptung auf – um das Gespräch und den Meinungsaustausch vorsätzlich anzuheizen.
- Ich wechsle von PowerPoint zu einem ganz anderen Medium.
- Ich suche in der Welt des Films nach Inspiration, indem ich eine Reihe von Filmplakaten zeige und diskutiere – womit an diesem Punkt niemand gerechnet hat.

Derartige Strategien funktionieren ein wenig wie der Moment in einer Abendgesellschaft, wenn der Gastgeber die Anwesenden bittet, die Plätze zu tauschen. Sie erleben die Party dann aus einer ganz neuen Perspektive, sodass eine völlig neue Energie entsteht.

14.3 Vom Umgang mit Fragen

Wie bei so vielen guten Präsentationsgepflogenheiten gilt, dass auch hier der wichtigste Teil der Arbeit größtenteils im Vorfeld geschehen sollte – indem Sie mögliche Fragen wie in Kapitel 8.2 beschrieben in vermutlich eher breiten Kategorien absehen und sich Antworten zurechtlegen.

Wenn Sie sich gründlich vorbereitet haben, sollten deshalb auch schwierige Fragen nicht allzu unangenehm sein. Was den *Vortrag* angeht, sollten Sie nicht vergessen, dass Sie auf schwierige Fragen zwar nicht direkt eingehen, sie aber sehr wohl zur Kenntnis nehmen müssen, andernfalls werden sie zu einem dauerhaften Ärgernis. Wie bei allen anderen Fragen sollten Sie darauf achten, Ihre Antwort auf das Anliegen des Publikums abzustimmen. In schwierigen Fällen kann diese Abstimmung etwas weniger genau sein. Nachdem Sie das Anliegen allerdings zur Kenntnis genommen haben, können Sie berechtigterweise zu den Fragen anderer Anwesenden übergehen.

Halten Sie kurz inne, bevor Sie eine Frage beantworten. Dadurch gewinnen Sie etwas Zeit, in der Sie über die Antwort nachdenken oder sich an das erinnern können, was Sie sich zurechtgelegt haben, und es lässt auf eine wohlüberlegte Auskunft schließen.

Falls Sie eine Frage nicht beantworten können, ist es allgemein am besten, dies einzuräumen und zu versprechen, die Antwort nachzuliefern. Sie können die Frage auch an die Anwesenden weitergeben. Es könnte durchaus sein, dass jemand aus dem Publikum eine Antwort darauf hat. Dadurch wirken Sie sehr offen und es könnte eine gute Möglichkeit sein, den Druck zu reduzieren, wenn schwierige Fragen kommen. Bitten Sie das Publikum deshalb um eine alternative Sicht der Dinge – vorausgesetzt, Sie haben die Anwesenden recht gut unter Kontrolle.

Zu guter Letzt müssen Sie Fragen nicht nur entgegenkommend und gründlich, sondern auch überzeugend beantworten. Ein nützlicher Tipp dazu lautet, sich während des Frage-und-Antwort-Teils Notizen zu machen. Ein Satz wie »Ich werde mich diesbezüglich bei Ihnen melden« ist leicht gesagt. Viel überzeugender und daher auch wirkungsvoller ist es, wenn die Anwesenden sehen, dass Sie sich aufschreiben, wem Sie in welcher Angelegenheit eine Antwort schulden. Das beweist Engagement und Zuverlässigkeit.

14.4 Die Platzierung des Frage-und-Antwort-Teils und der Höhepunkt Ihres Vortrags

Der Frage-und-Antwort-Teil mag eher unbedeutend erscheinen, und doch könnte seine Platzierung über Wirkung und Erfolg Ihrer Präsentation entscheiden. Der Grund dafür ist, dass die meisten Menschen annehmen, die Frage-Antwort-Runde käme zum Schluss. So scheint es sich ganz automatisch zu ergeben, und so wird es schon immer gemacht. Ich dränge die Leute, nach Möglichkeit die Position ihres Frage-und-Antwort-Teils sorgfältig zu überdenken und ein wenig zu verändern.

Meine allgemeine Empfehlung lautet, die Abschlussdiskussion ein wenig vor dem eigentlichen Schluss einzuplanen, um die Kontrolle über den Höhepunkt des Vortrags zu behalten. Erinnern Sie sich an Regel 13 – *Anfang und Ende bleiben in Erinnerung*. Wenn Sie die Frage-Antwort-Runde ganz an den Schluss stellen, könnte es sein, dass jemand eine wirklich aufschlussreiche Frage stellt, auf die Sie eine exzellente Antwort geben, die den Zuhörern noch in den Ohren hallt, wenn sie gehen. Allerdings überlassen Sie so sehr viel dem Zufall. Wahrscheinlicher ist, dass irgendein Sonderling in einer der letzten Reihen endlich zu Wort kommt und alles auf sein Niveau herunterzieht. Oder vielleicht niemand etwas fragt. Dann gehen alle mit der Erinnerung an peinliches Schweigen nach Hause. Hier sollten Sie einschreiten und die Stille mit einer der häufig gestellten Fragen füllen, wie bereits in der *Vorbereitungsphase* in Kapitel 8.2 erklärt. Die einleitende Formulierung könnte etwa so klingen: »Ich werde oft gefragt …«

Sie wollen, dass Ihr Publikum mit der Erinnerung an einen klaren Höhepunkt nach Hause geht, der Ihre Kernaussage zum Ausdruck bringt. Daher empfehle ich im Allgemeinen:

- Sagen Sie kurz vor Ihrem Schlusswort: »Haben Sie noch irgendwelche Fragen, bevor ich zum Schluss komme?«
- Beantworten Sie einige Fragen und erklären Sie dann, dass Sie Zeit für eine weitere haben.
- Beantworten Sie auch diese und sagen Sie: »Ich danke Ihnen für Ihre Fragen. Um die Präsentation abzuschließen …«
- Sie präsentieren den vorbereiteten Vortragshöhepunkt mit Ihren Kernaussagen einschließlich einer Aufforderung zum Handeln.

Wenn Sie so möchten, entspricht dies in der wirklichen Welt dem »Tada!«-Moment beim Zaubertrick. Ein Zauberkünstler bereitet mit vielem, was er tut, den Augenblick am Schluss vor, über den die Leute nach der Vorstellung sprechen werden. Er sollte daher so stark im Mittelpunkt stehen und so viel Aufmerksamkeit bekommen wie möglich. Einige Zaubertricks, die meine Seminarteilnehmer vorführen müssen, unterstreichen diesen Punkt sehr schön. Manchmal besteht der Höhepunkt darin, dass man einen Umschlag öffnet, um nachzusehen, ob eine Vorhersage korrekt war. Hier muss der Betreffende entscheiden, ob er den Umschlag selbst öffnen möchte (was möglicherweise weniger überzeugend ist) oder diese Aufgabe seinem freiwilligen Helfer aus dem Publikum überlassen will (wodurch er besonders offen wirkt). Hat er seinen Assistenten mit Bedacht gewählt, *könnte* es durchaus sein, dass er oder sie mit großer Begeisterung reagiert, das Ergebnis mit klarer, kräftiger Stimme vorträgt und den Zettel zum Gesicht hebt, damit ihn alle sehen können. Allerdings bleibt so sehr viel dem Zufall überlassen. Es könnte auch sein, dass die Helferin die Antwort einfach leise vor sich hin murmelt, den Zettel wieder in den Umschlag steckt und sich dann ihrer Freundin zuwendet, weil sie sich unwohl fühlt. Kein besonders toller Höhepunkt. Überlassen Sie Ihrem freiwilligen Helfer allerdings bereits zu einem früheren Zeitpunkt eine aktive Rolle, wenn Fokus und Timing weniger wichtig sind, ist dadurch bereits für ein gewisses Maß an Offenheit und Publikumsbeteiligung gesorgt. Dann können Sie den Umschlag selbst öffnen und so die Kontrolle über den großen Höhepunkt am Ende bewahren, der Ihrem Publikum im Gedächtnis bleiben wird.

Ich habe einmal die Präsentation eines Wissenschaftsbuches miterlebt, die im Hörsaal einer Universität stattfand. Der Autor war ein Gastprofessor, der seinen Vortrag mit einer Frage-Antwort-Runde schloss. Als er merkte, dass die Zeit knapp wurde, bat er um »eine letzte Frage«, musste allerdings feststellen, dass sie von einem anderen Mitglied der Universität kam, das ganz und gar nicht seiner Meinung war. Wie erwartet, war die Frage weder wohlgesonnen noch hilfreich und eignete sich schon gar nicht als Abschluss der Veranstaltung. Der Autor handelte sie so schnell und so gut wie möglich ab (er nahm sie zur Kenntnis, ging aber nicht weiter darauf ein) und sagte dann:»Ich denke, wir haben gerade noch genug Zeit für eine weitere Frage.« Er ließ den Blick auf der Suche nach einem freundlichen Gesicht durch den Raum schweifen, wurde fündig und die Veranstaltung nahm ein gutes Ende. Ein paar Wochen später sprach ich zu seinen Studenten. Nachdem er meine Empfehlung zur Platzierung von Fragen gehört hatte, bemerkte er im Anschluss an meinen Vortrag mit einem ironischen Lächeln, dass er sich bei seiner nächsten Präsentation dieser Taktik bedienen würde.

Auf den Punkt gebracht

Aspekte, die größtenteils verborgen bleiben, können die Wirkung Ihrer Präsentation stärken, schwächen oder gar völlig vernichten.

Kapitel 15

Wie Sie Ihren Vortrag zum Höhepunkt führen und Ihr Publikum überzeugen

15.1 Der Höhepunkt Ihres Vortrags

Nachdem Sie mit sorgfältiger Planung dafür gesorgt haben, dass Sie den Höhepunkt Ihrer Präsentation unter Kontrolle haben, müssen Sie Ihre Strategie während des *Vortrags* im Grunde nur noch beherzt umsetzen. Denken Sie auch daran: Falls Sie mit PowerPoint arbeiten, könnte es sinnvoll sein, den Vortrag ohne weitere Beteiligung des Programms abzuschließen und die Anzeige mit der B- oder W-Taste auszublenden, damit das Publikum Ihnen wieder seine volle Aufmerksamkeit widmet.

- **Kündigen Sie das Ende Ihres Vortrags an.** Arbeiten Sie mit einem einfachen Satz wie »Während ich nun zum Ende komme ...«. So bündeln Sie die Aufmerksamkeit noch einmal an einem Punkt, an dem sich viele Anwesende bereits ein klein wenig zu wohlfühlen – ganz gleich, wie fesselnd sie den Sprecher finden.

- **Wiederholen Sie Ihre Kernaussagen** laut und deut- lich und auf eine Weise, die vertraut und doch neu ist. Im Grunde handelt es sich um eine Zusammenfas- sung – und demnach eine Wiederholung – der Kern- punkte. Versuchen Sie aber, sie etwas anders zu gestal- ten – am besten so, dass eine Verbindung zwischen Ih- nen und Ihrem Publikum entsteht.

  Ich beende meine Seminare zum Beispiel häufig damit, dass ich ein aus mehreren Feldern bestehendes Raster auf die Leinwand werfe. Der Hintergrund ist in den Farben des Unternehmens oder der Organisation ge- halten, von der ich engagiert wurde. Im ersten Feld be- findet sich das jeweilige Logo, die übrigen fülle ich nach und nach mit den Kernpunkten, die ich im Laufe des Tages vermittelt habe, bis eine ganze Sammlung ent- standen und mit der Firmenidentität des Kunden ver- woben ist. Dann bitte ich einen Freiwilligen um Hilfe. Ich leihe ihm meinen Zauberstab und bitte ihn, ihn ein paarmal über dem Raster kreisen zu lassen, während ich wegsehe. Anschließend versuche ich mich im Ge- dankenlesen, um herauszubekommen, auf welches Feld er zeigt. Ich muss natürlich nicht erwähnen, dass sie immer auf das wichtigste Feld von allen zeigen – ihr Logo!

- Indem ich das Feld mit dem Logo errate, schaffe ich das letzte Element, das für einen erfolgreichen Höhepunkt nötig ist – ein **Applaussignal**. Bei einer geschäftlichen Präsentation rechnen Sie für gewöhnlich zwar nicht mit Applaus, müssen aber dennoch einen unmissverständ- lichen Abschuss schaffen. Wenn das Publikum fragt oder denkt: »War's das?«, haben Sie etwas falsch gemacht. Sie müssen mit einer Mischung aus Tonfall, Rhythmus und Körpersprache klar zu verstehen geben, dass Sie fertig sind.

15.2 Das Publikum überzeugen

Auch hier haben Sie einen großen Teil der Arbeit bereits in der Phase des *Präsentationsaufbaus* erledigt (siehe Kapitel 5), und sich dabei vor allem darauf konzentriert:

- sich selbst zu überzeugen,
- authentisch zu sein,
- offen zu sein und »zufällig« zu überzeugen,
- alles zu vermeiden, was die Überzeugung vernichten könnte,
- aufzupassen, dass Sie nicht auf »Autopilot« schalten,
- Selbstvertrauen zu entwickeln.

Sie haben Ihre Überzeugungskraft während der *Vorbereitung* (Kapitel 8) weiter gestärkt, bei der Sie sich unter anderem mit folgenden Punkten beschäftigt haben sollten:

- den Proben in allen drei Stadien,
- der besonderen Vorbereitung von Einleitung und Schluss,
- Gedächtnisstützen,
- der Vorbereitung auf Fragen.

Was den *Vortrag* angeht, sind im Grunde nur zwei wichtige Faktoren zu berücksichtigen, mit denen Sie sich ebenfalls bereits beschäftigt haben:

- **Sie müssen wissen, was Sie sagen wollen.** Wie ich bereits zu Beginn ausgeführt habe – falls es ein – wenn auch lächerlich einfaches – Geheimnis für erfolgreiche Präsentationen gibt, dann dieses: Wenn Sie wissen, was Sie sagen wollen, und infolgedessen einen klaren, prägnanten und reibungslosen Vortrag halten, werden Sie selbstbewusst und überzeugend wirken und sich auch so fühlen.
- **Blickkontakt.** Der Blick macht's – denn die Augen sind das Fenster zur Seele. Wenn Sie Ihr Publikum nicht richtig ansehen, werden Sie es nicht überzeugen. Sie werden sich diesbezüglich allerdings auf sicherem Terrain befinden, da Sie bereits fleißig an Ihrem Blickkontakt gearbeitet haben werden, um zu überzeugen und die Aufmerksamkeit zu steuern. Die gute Nachricht ist, dass die Überzeugungskraft dann von ganz alleine kommt.

Auf den Punkt gebracht

Dies ist Ihre letzte Chance, Ihr Publikum davon zu überzeugen, das zu tun, worum es in Ihrer Präsentation geht. Deshalb sollten Sie den Höhepunkt besonders gewissenhaft aufbauen und vorbereiten und dann von Herzen sprechen.

Kapitel 16

Inspiration aus der Welt der Musik

Ich empfinde es als hilfreich, auch jenseits meiner eigenen unmittelbaren Umgebung und Erfahrung nach Inspiration zu suchen, und es gibt ein hervorragendes Beispiel, das ich erst Jahre später in vollem Umfang zu würdigen wusste. Ich mag es vor allem deshalb, weil es die – nach meinem Dafürhalten – drei Grundregeln für erfolgreiche Präsentationen beachtet und viele Regeln der Zauberkunst im Spiel sind.

Das meiner Ansicht nach überragendste Beispiel ist der Auftritt von Queen bei dem von Sir Bob Geldof organisierten Benefizkonzert *Live Aid* im Jahr 1985. Als Sir Bob sagte:»Queen war zweifellos die beste Band des Tages«, sprach er aus, was viele Menschen auf der ganzen Welt dachten. Ich glaube, dass ihnen diese Meisterleistung gelungen ist, weil sie sich auf *Aufbau*, *Vorbereitung* und *Vortrag* gleichermaßen konzentriert haben.

Viele Bands ruhten sich auf ihren Lorbeeren aus und es hatte den Anschein, als würden sie sich gerade einmal über ihren *Vortrag* Gedanken machen. Mit der Folge, dass sich einige von ihnen schwertaten, wie etwa Led Zeppelin. Bob Dylan tat sich dadurch hervor, dass er improvisierte und damit einen Höhepunkt ruinierte, und die Dire Straits wurden mit den Worten zitiert, sie hätten zufällig nebenan in der Wembley Arena gespielt und seien einfach mit ihren Gitarren über den Parkplatz gelaufen.

Unterdessen stürzten sich Queen in den *Aufbau* Ihres Auftritts:

- Was müssen wir angesichts der Tatsache verändern, dass wir nicht vor eigenem Publikum spielen? Lösung: Wir werden mit einer Auswahl unserer größten Hits an Bekanntes anknüpfen (Regel 3).
- Wie viel Zeit haben wir? Antwort: 20 Minuten. Lösung: Wir müssen ein Medley unserer Hits zusammenstellen, was auch die Konzentrationsphasen unserer Zuhörer verkürzt (Regel 11).
- Strategie für den Schluss (Regel 13): »We Are the Champions« als Statement zum Mitsingen.
- Klares Ziel (Regel 5): Allen die Show stehlen.

Der Auftritt von Queen war also sorgfältig *aufgebaut*, aber erst als ich Lesley-Ann Jones kennenlernte, die Autorin des Buches *Freddie Mercury: The Definitive Biography*, entdeckte ich einen weiteren Teil des Plans, der zum Erfolg der Band beim *Live-Aid*-Konzert geführt hatte. Was die *Vorbereitung* anging, probten Queen eine ganze Woche lang im Londoner Shaw Theatre für ihren Auftritt. Und nachdem sie eine perfekte 20-Minuten-Show zusammengestellt hatten, feilten sie so lange, bis nur noch 18 Minuten übrig blieben, um sich so ein wenig Spielraum zu verschaffen. Mit dem Ergebnis: »Queen war die absolut beste Band des Tages.«

Rein zufällig barg auch die Art und Weise, wie Sir Bob Geldof die Band dazu brachte, beim *Live Aid* aufzutreten, einen sozusagen magischen Moment. Am Tag des Konzerts hatte seine Manier, die Menschen mit Schimpftiraden zu Engagement und Spenden zu überreden, ihren Höhepunkt erreicht. Bei Queen aber war er sehr viel ruhiger und besonnener vorgegangen. Er hatte gehört, dass Freddie Mercury unerbittlich die Position vertrat, dass sich die Band niemals an Veranstaltungen beteiligen sollte, die man irgendwie als politisch interpretieren konnte. Sir Bob war also gewarnt, dass er sich so gut wie sicher ein Nein von ihm einhandeln würde. Aber diese Information veranlasste ihn, von seinem üblichen Spruch »Menschen sterben – ihr müsst helfen« abzurücken. Stattdessen sagte er zu Mercury: »Die ganze Welt wird euch zusehen, Freddie. Queen wurden für diese Show *geboren*.« Freddie erwärmte sich sofort für die Idee, die ganze Welt als sein Publikum zu haben, und stimmte dem Auftritt zu.

Anhang

1. Die wesentlichen Unterschiede zwischen einem Gespräch und einer Präsentation

In Kapitel 4.2 haben wir darüber gesprochen, dass Sie einen sowohl umgangssprachlichen als auch klaren und verständlichen sprachlichen Stil pflegen sollten. Sie sollten eine gestelzte Ausdrucksweise vermeiden, und eine übertrieben förmliche Wortwahl wird Ihre Versuche behindern, Ihr Publikum zu binden. Es gibt allerdings kleine, aber feine Unterschiede zwischen einer zwanglosen Unterhaltung mit einer oder zwei Personen und einer Präsentation – selbst wenn Sie nur vor einem kleinen Publikum sprechen.

Die Präsentation unterscheidet sich zum Teil dadurch von einer Unterhaltung, dass ein starker Fokus auf dem, was Sie sagen, liegen muss. Vor allem aber unterscheidet sie sich durch den praktischen Aspekt, dass die Kommunikation bei einem Vortrag in erster Linie nur in eine Richtung verläuft und es wenig oder gar keine Gelegenheit gibt, einzuhaken und um Klärung zu bitten. Sie können nicht wie bei der Lektüre eines Buches eine Seite zurückblättern, um sich einen Punkt noch einmal anzusehen. Folglich muss eine Präsentation

- **direkter** sein als ein Alltagsgespräch. Als wir uns in Kapitel 4.4 mit der Gefahr negativer Formulierungen beschäftigt haben, habe ich angemerkt, dass die Briten mehr als viele andere zur Zurückhaltung neigen. In Gesprächen halten allerdings die meisten Menschen mit ihren Ansichten etwas hinter dem Berg, um sich langsam vortasten, die Einstellung ihres Gesprächspartners abschätzen und den eigenen Standpunkt entsprechend herausarbeiten, verdeutlichen und vielleicht sogar anpassen zu können. Bei einer Präsentation ist dies weder nötig noch haben Sie Gelegenheit dazu. Sie sollten sich deshalb erheblich klarer und überzeugter – ja, sogar unverblümt – ausdrücken, als in einem entspannteren Gespräch von Mensch zu Mensch zu erwarten wäre.

In Kapitel 4.3 wurden zwei Techniken behandelt, die zu einem direkteren Präsentationsstil beitragen: Verwenden Sie starke Worte und vermeiden Sie negative Formulierungen.

- **kürzer und knackiger** sein als ein Alltagsgespräch. Unterhaltungen fließen mal mehr, mal weniger angeregt dahin und sind mit Emms und Ähs durchsetzt. Eine Präsentation dagegen muss kurz und bündig sein – Sie müssen genauestens wissen, was Sie sagen wollen. Lassen Sie sich nicht von Unterhaltungen in der darstellenden Kunst in die Irre führen, da es sich dabei nicht um Gespräche, sondern um Dialoge handelt. Sie haben kaum etwas mit der Wirklichkeit zu tun, da alle Umschweife und überflüssigen Worte entfernt wurden, die Sie zu hören bekämen, wenn Sie ein echtes Gespräch mitschneiden würden.

Wenn Sie die wichtigsten Wörter an den Satzanfang stellen und aktive Verben verwenden (siehe Kapitel 4.3), macht das die Kommunikation kürzer und knackiger.

- **glasklar** sein. Bei einer Präsentation sollte niemals auch nur die leiseste Unklarheit bestehen. Wie ich bereits sagte, ist es nicht möglich, eines Ihrer Argumente noch einmal nachzulesen, daher müssen Sie wichtige Punkte mit der erwähnten Artikulationsgenauigkeit und den beschriebenen Pausen vortragen, damit sie vom Publikum verinnerlicht werden können. Missverständliche Wörter sollten Sie besonders deutlich aussprechen und manchmal sogar buchstabieren, zum Beispiel: Der Umsatz ist um 15 Prozent gesunken, das sind »eins fünf« Prozent (falls einer der Anwesenden mit einer höheren Zahl gerechnet hat und versehentlich 50 Prozent versteht). Sie können zur Verdeutlichung auch gern Wiederholungen einbauen. Bei Kernpunkten müssen Sie sich auch nicht die Mühe machen, dies zu kaschieren.

Zur Verdeutlichung können Sie Wörter verwenden, die Bilder malen (Kapitel 4.3).

Bei einer Präsentation müssen Sie sich also vorstellen, Sie würden den Schalter auf »Unterhaltung« stellen und anschließend sämtliche Regler ein paar Striche nach oben schieben. Allerdings sollte dadurch kein Widerspruch zu einer weiteren

Grundregel entstehen: Seien Sie Sie selbst. Dem britischen Komiker Jack Dee zufolge empfiehlt es sich sogar, eine Bühnenper-
sönlichkeit zu entwickeln. Diese Persönlichkeit sollte nach seiner Auffassung *eine überhöhte Version von Ihnen sein.* Dies hätte
zudem den Vorteil, dass sie – wenn sie einmal entwickelt ist –
irgendwann anfangen würde, ihr Material selbst zu schreiben …

2.   Techniken der Nachrichtendestillation

»Wenn Ihre Filmidee nicht auf die Rückseite einer Visitenkarte
passt, haben Sie keinen Film.«

Film-Mogul Sam Goldwyn

In Kapitel 3 haben wir uns angesehen, wie wichtig es ist, einen
klaren Fokus zu schaffen und zu entscheiden, was Ihrem Publikum besonders in Erinnerung bleiben soll. Zur Inspiration haben
wir uns angesehen, wie brillant es Steve Jobs gelang, eine einfache
Botschaft oder EEB zu formulieren, die seine gesamte Präsentation durchzog und automatisch an weitere Details erinnerte.

Als ich eines Tages vor einer Gruppe von Kommunikationsdi-
rektoren aus ganz Europa sprach, stellte ich fest, dass ich nach
Mary Francis an der Reihe war, die als Aufsichtsratsmitglied
eine ganze Reihe hoher Führungspositionen bekleidete, unter
anderem als Direktorin von *British Gas* und der *Bank of England.* Sie hatte an diesem Tag den Rat gegeben: »Damit Ihre Botschaft verständlich ist, müssen Sie imstande sein, sie in wenigen
kurzen Sätzen zu vermitteln. Andernfalls haben Sie sie wahrscheinlich selbst nicht verstanden.« Dies war eine wunderbare
Vorlage für den von mir geplanten Vortrag zum Thema Nach-

richtendestillation. Ich bat Mary um Erlaubnis, sie zusammen mit Sam Goldwyn, dessen Worte ich diesem Kapitel vorangestellt habe, und Steven Spielberg, auf den ich in Kürze zu sprechen kommen werde, zitieren zu dürfen.

Ich biete zwei Möglichkeiten der Nachrichtendestillation: *Fahrstuhlpräsentationen* und *Superlative*.

a) Fahrstuhlpräsentationen

Eine Fahrstuhlpräsentation ist genau das, was der Name vermuten lässt – sie ist kurz und bündig, damit ein anderer in der Zeitspanne einer Aufzugfahrt verstehen kann, *wer Sie sind, was Sie sind* und *was Sie für ihn tun können*. Falls es dabei um ein Produkt oder eine Dienstleistung geht, würden Sie zusammenfassen, *worum es sich handelt* und *wie es dem anderen dienen kann*.

Um eine Fahrstuhlpräsentation zu entwickeln, gehen Sie wie folgt vor:

- Notieren Sie alle Schlüsselbegriffe oder -sätze, die Sie ausmachen – am besten auf Klebezettelchen.
- Ordnen Sie diese Begriffe und Sätze in der Reihenfolge ihrer Wichtigkeit. Eine Möglichkeit wäre, sie in drei Kategorien einzuteilen: 1. Sehr wichtig; 2. Wichtig; 3. Wissenswert.
- Kürzen Sie, bis nur noch die allerwichtigsten Informationen übrig sind und Sie eine handliche Fahrstuhlbotschaft haben.
- Überlegen Sie, mit welchen ausgesuchten Details Sie unmittelbar an Ihre Fahrstuhlpräsentation anschließen können.

- Experimentieren Sie mit Ihrer Fahrstuhlpräsentation und passen Sie sie entsprechend an.

Ich wende diese Technik häufig mit meinen Klienten an, und als ich in die Aus- und Weiterbildungsbranche wechselte, benutzte ich sie dazu, die von mir angebotenen Leistungen wie folgt zusammenzufassen:

- **Notieren Sie alle Schlüsselbegriffe oder -sätze, die Sie ausmachen – am besten auf Klebezettelchen.**

Training • Kommunikationsberater • Zauberkunst • Regeln der Zauberkunst • Präsentationstechnik • kreatives Denken • Coaching • für die Geschäftswelt • Kundenstamm • Mitglied der Zauberervereinigung *The Magic Circle* • Mitglied des *Chartered Institute of Public Relations* (CIPR) • Aufmerksamkeitslenkung • beeinflussen & überzeugen

- **Ordnen Sie diese Begriffe und Sätze in der Reihenfolge ihrer Wichtigkeit. Eine Möglichkeit wäre es, sie in drei Kategorien einzuteilen: 1. Sehr wichtig; 2. Wichtig; 3. Wissenswert.**

Sehr wichtig	Wichtig	Wissenswert
Training	Coaching	*The Magic Circle*
Präsentations-technik	Kundenstamm	CIPR
Zauberkunst/Regeln der Zauberkunst	Kommunikations-berater	Pressebeauftragter der Zauberervereinigung *The Magic Circle*
für die Geschäftswelt	Aufmerksamkeitslen-kung	
kreatives Denken	beeinflussen & überzeugen	

• **Kürzen Sie, bis nur noch die allerwichtigsten Informationen übrig sind und Sie eine handliche Fahrstuhlbotschaft haben.**

Dabei entstand die folgende Fahrstuhlpräsentation: *Ich übertrage die Regeln der Zauberkunst auf die Unternehmenskommunikation.*

• **Überlegen Sie, mit welchen ausgesuchten Details Sie unmittelbar an Ihre Fahrstuhlpräsentation anschließen können.**

Ich übertrage die Regeln der Zauberkunst auf die Unternehmenskommunikation.

A. Ich habe mich auf Präsentationstechnik und kreatives Denken spezialisiert und verbinde meine Erfahrung als

Kommunikationsberater mit Strategien, die ich entdeckt habe, seit ich mich für Zauberkunst interessiere.

B. Ich habe festgestellt, dass sich viele der Techniken, mit
denen Spitzenmagier instinktiv die Aufmerksamkeit
steuern, beeinflussen und überzeugen, auch im Geschäftsleben äußerst erfolgreich einsetzen lassen.

C. Ich bin nicht nur aktives Mitglied des *Chartered Institute of Public Relations*, sondern auch Mitglied im *Magic Circle*, der renommiertesten Zauberervereinigung
der Welt, für die ich die Presse- und Öffentlichkeitsarbeit mache.

Mit diesen Bausteinen kann ich meinen Vortrag so lange weiter
ausbauen, wie die Aufzugfahrt dauert. Aber selbst wenn ich nur
ein Stockwerk weit fahre, habe ich den Kern meiner Botschaft
vermittelt. Alle weiteren Informationen sind lediglich stützende
Details, wobei die wichtigsten immer zuerst genannt werden.

- **Experimentieren Sie mit Ihrer Fahrstuhlpräsentation und passen Sie sie entsprechend an.**

Im Laufe der Zeit betonte ich den Punkt des »kreativen Den-
kens« zunehmend weniger, um den eigentlichen Fokus zu stärken. Entsprechend seltener erwähnte ich meinen Hintergrund
in der Presse- und Öffentlichkeitsarbeit – teils, weil er eng mit
dem kreativen Denken verbunden war, und teils, weil es mir immer weniger nötig schien, während ich in meiner neuen Rolle
Fuß fasste.

b) Superlative

Superlative sind im Grunde das, wofür Sie »berühmt« sind. Sie werden wahrscheinlich in schriftlicher Form – zum Beispiel bei der Aufzählung Ihrer Referenzen auf der Rückseite des Präsentationsdokuments – auftauchen, sodass Sie ruhig etwas mehr »auf den Putz hauen« dürfen.

Der Trick ist, sich vorzustellen, Sie würden in einer Fernsehtalkshow auftreten, der Moderator würde Sie vorstellen und in ungefähr 15 Sekunden sicherstellen wollen, dass die Zuschauer auch in den nächsten 15 Minuten dranbleiben.

Verfassen Sie einen Mini-Lebenslauf und passen Sie ihn an das von Ihnen angesprochene Publikum sowie die zur Verfügung stehende Zeit und den Raum an. Ich besitze zum Beispiel einen 500 Wörter langen Standardtext über mich, den ich auf ungefähr 100 Wörter kürze, damit er für alle Kunden passt – von Konferenzveranstaltern über PR-Beratungen und Branchenverbände bis hin zu Finanzinstituten. Dies ist die Stunde, in der die Empfehlung »Knüpfen Sie in Ihrer Kommunikation an Bekanntes an« wirklich zum Tragen kommt. Werfen Sie also schamlos mit bekannten Namen um sich – je berühmter, desto besser.

Lassen Sie sich von Filmemachern inspirieren

Diese Strategien dürften eher simpel wirken, und das sind sie auch. Meist ist es jedoch alles andere als simpel, sie auch in die Tat umzusetzen. Ich lasse mich dabei von Filmemachern inspirieren, da die Destillation von Botschaften für sie besonders wichtig ist. Zuerst müssen sie die Geldgeber von ihrer

Idee überzeugen – und was Sam Goldwyn zur Notwendigkeit eines knackigen Slogans zu sagen hat, wissen wir ja bereits.
Ist der Film dann fertig, stützt sich die Werbung traditionell
auf das eingeschränkte Medium des Posters sowie die Mundpropaganda. Sie müssen die Menschen dazu bringen, über den
Film zu sprechen. Hinzu kommt, dass Sie nur ein winziges Zeit-
fenster haben. Wenn die Leute nicht innerhalb der ersten Woche auf die Mundpropaganda reagieren, ist es zu spät, denn
dann wird der Film schon wieder aus den Kinos verschwunden
sein.

Filmemacher arbeiten deshalb mit dem Prinzip des »High
Concept« – das ist ein kurzer Satz, der Ihnen alles sagt, was Sie
über den Film wissen müssen, und Sie dazu inspiriert, ihn anzusehen. Hier ein paar Beispiele:

- Ein Asteroid von der Größe des Staates Texas rast auf
  die Erde zu: *Armageddon – Das jüngste Gericht*
- Junge und Mädchen aus rivalisierenden Gruppen ver-
  lieben sich mitten in einem Bandenkrieg ineinander –
  Romeo & Julia/West Side Story
- Riesenhai terrorisiert Urlaubsort – *Der weiße Hai*

Mein persönliches Lieblingsbeispiel für das »High Concept« ist
Sandra Bullocks früher Erfolg *Speed*, in dem sich alles darum
dreht, dass *ein Bus mit einer Bombe präpariert wurde, die explo-
diert, wenn er langsamer als 50 Meilen pro Stunde wird. Und die
Hauptverkehrszeit hat gerade begonnen.* Da diese Formulierung
etwas langatmig für ein »High Concept« war, hatte der Film in
der Branche bald den Spitznamen weg: *Stirb langsam im Bus*.
Jetzt wissen Sie genau, was Sie erwartet.

Oder wie Steven Spielberg sagt:»Ich mag Ideen, die man in der Hand halten kann. Wenn mir jemand eine Idee in weniger als 25 Worten erzählen kann, wird daraus ein ziemlich guter Film.«

Der ultimative»High Concept«-Film ist aber wohl *Snakes on a Plane*. Diese Formulierung blieb noch eine Weile als Arbeitstitel erhalten, bis Samuel L. Jacksons Agent darauf bestand, dass der Streifen einen»richtigen« Titel bekam. Sein Klient könne »nicht an einem Film mit so einem Titel arbeiten«. Als Jackson davon erfuhr, reagierte er mit den viel zitierten Worten:»Das machen wir rückgängig. Der Titel ist der einzige Grund, weshalb ich den Job überhaupt angenommen habe.«

3.   »Harmlose Tricks«

Wenn ich anderen erkläre, dass ich die Regeln der Zauberkunst auf die Unternehmenskommunikation übertrage, bin ich mir immer sehr deutlich bewusst, dass hier meine erste Regel ins Spiel kommt: Der Begriff wird automatisch Vorstellungen und Assoziationen über Magier wecken, und ich hoffe, dass sich mein Gegenüber nicht nur an die knuffigen Onkeltypen seiner Kindheit erinnert, sondern auch über die innovativsten Vertreter der Kunst wie Derren Brown auf dem Laufenden ist. Wenn von Zauberkunst die Rede ist, werden sehr wahrscheinlich auch Gedanken an Betrügereien und Taschenspielertricks aufkommen, weshalb ich schnell erkläre, dass ich mich im geschäftlichen Bereich ausschließlich mit der Steuerung von Aufmerksamkeit und nicht mit Täuschung oder Winkelzügen anderer Art beschäftige.

Dennoch gibt es Situationen, in denen man die Wirkung erhöhen kann, ohne irgendeinen Schaden anzurichten, wenn man
ein wenig schummelt. Ich bezeichne ein derartiges Vorgehen als
»harmlosen Trick«, da es sich damit wie mit einer Notlüge ver-
hält – es dient einem guten Zweck und ist völlig harmlos, weil
die absolute Wahrheit nicht von Bedeutung ist.

Hier ein Beispiel: Alastair Campbell, der schon erwähnte ehemalige Kommunikationschef Tony Blairs, verdient seinen Le-
bensunterhalt mit verschiedenen Dingen, unter anderem mit
Vorträgen. Ende 2010 war ich zufällig als Referent auf einer
Konferenz in Nottingham, auf der auch Campbell sprach. Er re-
dete sehr offen über seine Zeit in Downing Street Nr. 10 und
einige Aufträge, die er seither übernommen hatte, bevor er vor
seinem aus Geschäftsleuten bestehenden Publikum einen moti-
vierenden Vortrag hielt. Dieser beruhte auf den zehn Lektionen,
die er in Downing Street Nr. 10 gelernt hatte und die sich seiner
Ansicht nach nutzbringend auf den Rest der Welt übertragen
ließen. Zum Einstieg erzählte er, wie er etwas früher im selben
Jahr in die Downing Street zurückgekehrt sei, um bei der Kampagne zu den Parlamentswahlen zu helfen. Bei dieser Gelegenheit habe er die letzten Sachen aus seinem alten Büro geholt und
sei zufällig auf seine Liste mit den »zehn Lektionen« gestoßen,
die er kurz hochhielt, um sie dem Publikum zu zeigen.

Es könnte durchaus sein, dass Campbell diese zehn Lektionen
tatsächlich ungefähr sechs Jahre davor auf ein kleines Blatt Papier geschrieben hatte, als er in der Downing Street war. Es
könnte auch sein, dass er es zurückgelassen und erst in diesem
Jahr wiedergefunden hatte. Ob es tatsächlich so war, ist uner-
heblich. Indem er seinem Vortrag diesen Rahmen gab, ver-
stärkte er in mancherlei Hinsicht seine Wirkung. Er verlieh sei-

nen Worten vor allem Aktualität und erweckte den Anschein, als ob sie »direkt aus dem Zentrum der Macht« kämen und es sich nicht nur um seine nachträglichen Überlegungen zu seiner Zeit im Rampenlicht handle. Hätte ich Campbell beraten und hätte er während der Wahlkampagne kein solches Blatt Papier gefunden, hätte ich ihm vorgeschlagen, die Einleitung ungefähr so zu gestalten.

Einige der Möglichkeiten, wie man harmlose Tricks erfolgreich nutzt, haben wir bereits angesprochen:

Eine Geschichte aktualisieren

Die Beispiele, die ich in meinen Seminaren verwende, ergeben sich oft unmittelbar aus der Beobachtung der Menschen, mit denen ich arbeite, oder aus den verschiedensten Präsentationen, die ich sehe, wenn ich auf Konferenzen spreche. Auf diese Weise wächst mein Vorrat an Geschichten immer weiter. Wenn der Zeitrahmen wichtig ist, halte ich mich an die nüchternen Tatsachen, aber im Allgemeinen bleibt eine gute Geschichte zum Thema Präsentationstechnik eine gute Geschichte – ganz egal, wann sie sich abgespielt hat. Meinem Publikum ist es egal, ob das schon sechs Jahre her ist, trotzdem könnte es ziemlich angestaubt klingen, wenn ich das zugeben würde. Deshalb sage ich normalerweise: »Ich habe kürzlich mit jemandem gearbeitet und …«, auch wenn der Vorfall in Wirklichkeit schon sechs Jahre zurückliegt. Niemand kommt dabei zu Schaden. Erinnern Sie sich an die Komiker von früher, deren Geschichten oft mit den Worten begannen: »Auf dem Weg hierher ist mir etwas Komisches passiert …« Diese Geschichten haben funktioniert, weil sie aktuell waren und den Eindruck erweckten, man hätte sie gemeinsam erlebt. Wenn eine Geschichte auf einer lustigen Begebenheit basiert, die der Komiker vor etwa 18 Monaten auf dem Weg zu seinem Auftritt erlebt hat, ist das zwar vielleicht immer noch eine sehr gute Geschichte. Aber sie wird einfach nicht die gleiche Wirkung haben.

Requisiten und Gedächtnisstützen

Wenn Sie direkt aus einer Quelle zitieren, kann das – wie in Kapitel 8.3 erläutert – eine gute Möglichkeit sein, Ihnen während des Vortrags auf die Sprünge zu helfen und das Publikum von der Authentizität des Zitats zu überzeugen. Manchmal kann es aber auch notwendig werden, einen Prototyp zu basteln. Das Schulzeugnis, aus dem ich zitiere, habe ich zwar immer noch, aber es ist schon ein wenig zerfleddert, und ich werde es wohl bald »nachmachen« müssen.

In Kapitel 8.3 habe ich auch die erfahrenen Referenten erwähnt, die zwar keine Notizen benötigen, aber trotzdem Karteikarten mit einem Stichwortkonzept in den Händen halten und damit herumspielen, damit das Publikum nicht denkt, sie hätten sich nicht die Mühe gemacht, sich speziell auf diese Veranstaltung vorzubereiten. Diese Leute »schummeln«, aber sie tun es zum Wohle ihres Publikums.

Eine Geschichte verallgemeinern

An dieser Stelle muss ich selbst einen »harmlosen Trick« gestehen. In Kapitel 9.2 habe ich empfohlen, mögliche Ablenkungen aus dem Teil des Raumes zu entfernen, in dem Sie Ihre Präsentation halten werden. Ich habe erzählt, wie ich mit dem Bild einer Meerjungfrau in Konflikt geraten bin. All dies entspricht der Wahrheit, nur handelte es sich in Wirklichkeit um das Bild einer Chinesin, keiner Meerjungfrau. Ich habe meine Geschichte verändert, um sie (mit der entsprechenden PowerPoint-Darstellung) überall verwenden zu können, ohne befürchten zu müssen, sie einer Chinesin zu erzählen, die Anstoß daran nehmen könnte. Denn einer Sache kann ich mir sicher sein: Ich werde bestimmt niemals einer Meerjungfrau gegenüberstehen. Kleine Veränderungen schaden niemandem und können Ihnen zuweilen deutlich mehr Flexibilität verschaffen.

Fragen

In Kapitel 3.3 haben wir davon gesprochen, wie Sie mit Fragen, auf die Sie wahrscheinlich die »richtige« Antwort bekommen werden, zu Beginn die Aufmerksamkeit des Publikums wecken können. Im Grunde haben wir es hier ebenfalls mit einem »harmlosen Trick« zu tun. Genau wie bei Fragen, die Sie selbst vorschlagen, um Punkte zur Sprache zu bringen, die Sie unbedingt ausführen möchten. Diese Technik kann aber auch den Zuhörern helfen, da sie einen Fluss von Fragen anregt, dem sie sich einfach anschließen können. Sie müssen sich nicht mehr unbehaglich fühlen, weil sie die erste Frage stellen müssen.

»Spontaneinfälle«

Die Arbeit ohne PowerPoint hat unter anderem den Vorteil, dass Sie Ihre Präsentation erheblich flexibler kürzen und ändern können – je nachdem, wie die Stimmung im Publikum ist. Es bedeutet auch, dass Sie sorgfältig vorbereitetes Material als ver-

meintlich »spontane« Ideen deklarieren können, auf die Sie an
Ort und Stelle als Antwort auf Bemerkungen der Anwesenden
gekommen sind. Dies hat den Vorteil, dass Ihre Präsentation
wirkt, als wäre sie ganz auf einen bestimmten Anlass zugeschnitten, und Ihr Publikum den Eindruck hat, aktiv beteiligt
und mit Ihnen, dem Referenten, auf einer Wellenlänge zu sein.
Wenn Sie sich ins Gedächtnis rufen, was ich in Kapitel 2.6 zur
Verwendung von Flipcharts geschrieben habe, werden Sie sich
daran erinnern, dass praktisch unsichtbare Bleistiftmarkierungen auf dem Flipchartblock Ihnen helfen können, diese vermeintlich spontanen Einfälle zu illustrieren.

Recherche

Ich werde kurz den Zorn der Zauberkünstler riskieren und Ihnen verraten, dass die Vorführungen einiger Gedankenleser
eine Mischung aus ein wenig Technik und sehr viel Frechheit
sind. Sie »enthüllen« die verschiedensten Dinge über die Person, die sie gerade unterhalten, und die sie scheinbar dadurch
erfahren, dass sie ihre Gedanken lesen – obwohl sie das meiste
bei Facebook und mit verschiedenen Internetsuchmaschinen in
Erfahrung gebracht haben.

Überlegen Sie, wie Sie diese Technik geschäftlich nutzen kön-
nen. Wenn Sie lediglich recherchieren und demjenigen, an den
Sie sich mit Ihrem Vortrag wenden, einfach die Ergebnisse Ihrer
Nachforschungen präsentieren, werden Sie vermutlich kaum
Beifall ernten – obwohl Sie über sein Lieblingsthema sprechen.
Im schlimmsten Fall könnte der Eindruck entstehen, Sie hätten
etwas von einem Stalker. Der diskrete Einsatz persönlicher In-
formationen kann sich freilich als äußerst nützliche Abkürzung

erweisen, um Empathie zu erzeugen. Wenn Sie die Abneigungen Ihres Gegenübers kennen, kann Ihnen dies helfen, mögliche Gefahrenzonen zu umschiffen; und wenn Sie wissen, was er mag, können Sie Themen und Ideen ungefähr so anschneiden: »Da ich Sie für einen Menschen halte, der [passende Bemerkung], würde ich empfehlen ...« Wenn Sie sparsam damit umgehen, wird Ihr Publikum zwangsläufig davon beeindruckt sein, wie sehr Sie scheinbar auf einer Wellenlänge sind. Ist das Täuschung oder gründliche Vorbereitung?

Zum Schluss möchte ich alle, die tatsächlich daran interessiert sind, die trügerischen Aspekte der Zauberkunst im wahren Leben zu nutzen, auf zwei Magier hinweisen, die ein Doppelleben führten. John Mulholland arbeitete für die CIA, Jasper Maskelyne wurde engagiert, um die Bemühungen des britischen Geheimdiensts im Zweiten Weltkrieg um die Kunst der Illusion zu erweitern. Ihre Abenteuer werden unter anderem in folgenden Büchern erzählt: *The MagiCIAn: John Mulholland's Secret Life* von Ben Robinson, *Das einzig wahre Handbuch für Agenten: Tricks und Täuschungsmanöver aus den Geheimarchiven der CIA* von Keith Melton und Robert Wallace sowie *The War Magician – The True Story of Jasper Maskelyne* von David Fisher.

4. Zauberhafte Präsentationen auf einen Blick

Die folgenden Diagramme zeigen die 21 aufeinander aufbauenden Bausteine einer bezaubernden Präsentation in Form einer Top Ten der besten Tipps in den Bereichen *Aufbau*, *Vorbereitung* und *Vortrag*.

Die zehn besten Tipps für den Aufbau

1. **Arbeiten Sie Ihre Einleitung präzise aus** – stellen Sie Ihre Ziele kurz, bündig und packend dar. Wenn Sie einen guten Start haben, sollte alles Weitere glattgehen; wenn nicht, werden Sie den ganzen Vortrag über versuchen, den schlechten Einstieg wieder wettzumachen.

2. **Sprechen Sie die von Ihnen formulierten Sätze laut aus** – fürs Ohr müssen Sie anders schreiben als fürs Auge.

3. Verwenden Sie oft das Pronomen »**Sie**«. So geben Sie dem Publikum das Gefühl, einbezogen und wichtig zu sein und im Brennpunkt der Aufmerksamkeit zu stehen.

4. **Erhöhen Sie die Wirkung mit starken Worten.** Wörter wie »Probleme«, »machbar« und »vermuten« sind schwach. Stärkere Begriffe wären: »Herausforderungen«, »erreichbar«, »glauben«.

5. Erhöhen Sie die Wirkung mit **Wörtern, die Bilder malen.** So kann das Publikum das, was Sie sagen, nicht nur hören, sondern auch »sehen«.

6. Erhöhen Sie die Wirkung, indem Sie **negative Formulierungen durch positive ersetzen.** Negative Formulierungen müssen erst entwirrt werden, zum Beispiel »gut festhalten« statt »nicht fallen lassen«.

7. Im Allgemeinen eignen sich PowerPoint-Folien **schlecht als Handreichung und umgekehrt.**

8. **Einzeilige Aufzählungspunkte** haben die stärkste Wirkung. Achten Sie darauf, mindestens eine 24-Punkt-Schrift zu verwenden.

9. Für die Sichtbarkeit ist die **Strichbreite** wichtiger als die schiere Größe.

10. **Arbeiten Sie Ihren Schluss sorgfältig aus.** Er sollte

a. eine frische Wiederholung Ihrer Kernbotschaften,

b. einen klaren Höhepunkt und

c. ein Applaussignal enthalten.

Aufbau

Vorstellungen und Assoziationen,
die Sie in den Köpfen *dieses* Publikums auslösen
Kap. 2.1

Elemente von **Prestige, Atmosphäre, Ambiente und Wunsch,**
um diese Vorstellungen zu stärken oder zu schwächen
Kap. 2.1

Vertraute Anknüpfungspunkte für dieses Publikum
Nötige **Anpassungen**
Kap. 2.2

Die beste **Vorgehensweise**
Kap. 2.5

Klare Ziele
mit Aufforderung zum Handeln
EEB – eine einfache Botschaft
Kap. 3.1

Aufmerksamkeit erregen
Kap. 3.3

Gliedern – um Aufmerksamkeit zu erhalten
Die Macht der Drei
Kap. 3.4

Vortragshöhepunkt
Wiederholen der Kernbotschaften
Applaussignal
Kap. 3.5

Aufbau

Kap. 6
PowerPoint

- selbst die Kontrolle übernehmen – alles optisch darstellen
- Fokus auf Hauptverwendungszweck
- Struktur: Ziel > Ausgangspunkt > Straßen und Brücken
- Schriftliche Ausarbeitung – so wenig Wörter wie möglich auf dem Bildschirm
- visuelle Hilfsmittel
- Einheitlichkeit

Kap. 5
Überzeugung

- überzeugt sein
- offen sein – und »zufällig« überzeugen
- was Überzeugung zerstört
- Regel 19

Kap. 4.7
Differenzierungsmerkmale

Kap. 4.6

Bildmaterial – verwenden wie folgt:
- bei optischen Fragen
- zur Verdeutlichung
- bei zahlreichen Details
- bei Vergleichen und Metaphern
- um Folien zu beleben

Denken Sie an:
- Größe
- Strichbreite
- »Kill your Darlings«

Kap. 4
Formulierungscheckliste

- ✓ fürs Ohr
- ✓ starke Worte
- ✓ Wörter, die Bilder malen
- ✓ positive Formulierungen

Die zehn besten Tipps für die Vorbereitung

1. Bekämpfen Sie **Nervosität** bereits im Vorfeld – die wichtigste Ursache für Lampenfieber ist die Angst vor dem Ungewissen. Machen Sie sich deshalb mit der Situation vertraut. **Besichtigen Sie die Räumlichkeiten**, in denen der Vortrag stattfinden soll, nach Möglichkeit im Vorfeld.

2. **Stellen Sie die Situation bei Ihren Proben so genau wie möglich nach:** *Besonderheiten des Raumes, Ausrüstung, Requisiten, wahrscheinliche Fragen, Tageszeit, Kleidung.* So finden Sie mögliche Fehlerquellen und machen sich mit der Situation vertraut.

3. Sprechen Sie etwas **langsamer** (ungefähr 120 Wörter pro Minute) als bei einer normalen Unterhaltung (ungefähr 170 Wörter pro Minute). Arbeiten Sie daran und bauen Sie bei Bedarf Pausen ein, um ein langsameres Sprechtempo zu erzwingen.

4. Proben Sie **Einleitung und Schluss** besonders gründlich.

5. Erklären Sie demjenigen, der das Wort an Sie übergeben wird, wie Sie vorgestellt werden möchten. Proben Sie anschließend **Vorstellung** und Übergabe.

6. Halten Sie die **Technik einfach** – damit sie Ihnen nicht in den Rücken fallen kann, und verlassen Sie sich nach Möglichkeit nicht auf Dritte.

7. Verwenden Sie kleine Karteikarten für Ihr **Stichwortkonzept** und beschränken Sie sich auf eine einfache Darstellung des **Ablaufs**, die Sie bei Bedarf mit einem Blick wieder auf Kurs bringt.

8. Arbeiten Sie bei PowerPoint-Präsentationen mit der **Referentenansicht**, wann immer es möglich ist. Sie zeigt folgende Elemente auf Ihrem Bildschirm an: *die Folie, die gerade auf der großen Leinwand zu sehen ist, die Reihenfolge der Folien, die nächste Folie, das Notizenfeld* sowie *eine Uhr/einen Timer.*

9. **Stoppen** Sie bei den Proben sorgfältig, wie lange Sie brauchen, und versuchen Sie, etwas früher als vorgesehen fertig zu werden. Da Ihnen das Gehirn Streiche spielt, wird Ihr Vortrag Ihnen unweigerlich länger oder kürzer vorkommen, als er wirklich ist.

10. **Hören Sie 24 Stunden vor dem geplanten Vortrag auf zu proben.** Das ermöglicht klares Denken und gibt Ihnen die Zeit, sowohl den Ablauf als auch Ihren Präsentationserfolg zu visualisieren.

Vorbereitung

Vorüberlegungen
- ✓ Vor wem und wie vielen werden Sie sprechen?
- ✓ Wo werden Sie sprechen? – Räumlichkeiten ansehen
- ✓ Wie viel Zeit haben Sie?

Ausrüstung
- ✓ Leinwände, Bildschirme und ihre Positionierung
- ✓ nach Möglichkeit eigene Ausrüstung; Kontakt zum zuständigen Techniker
- ✓ Verlängerungskabel und Klebeband
- ✓ Invertieradapter
- ✓ Tisch an der Stelle, an der Sie sprechen werden
- ✓ Was kann schiefgehen? – Bauen Sie »Hintertürchen« ein

Kap. 7

Vorbereitung

Proben

Stellen Sie die Situation nach
- ✓ Raumanordnung
- ✓ Technik
- ✓ visuelle Hilfsmittel
- ✓ Tageszeit
- ✓ Kleidung

Ablauf
1. allein
2. vor wohlgesonnenen Zuhörern
3. schwierige Fragen und störende Zwischenrufe

Stoppen Sie, wie lange Sie brauchen, und hören Sie 24 Stunden vorher auf zu proben

Besondere Hinweise
- ✓ Einleitung und Schluss
- ✓ langsamer als Unterhaltung
- ✓ richtig betonen
- ✓ mit Ausrüstung vertraut machen
- ✓ Umgang mit visuellen Hilfsmitteln

Fragen – Vorbereitung auf vier verschiedene Typen
1. offensichtliche
2. schwierige
3. häufig gestellte – falls niemand fragt
4. nachrichtenbezogene Fragen

Gedächtnisstützen
- ✓ kleine Karteikarten mit dem Ablauf, die Sie wieder auf Kurs bringen
- ✓ Referentenansicht für PowerPoint

Stellen Sie sich auf Probleme ein

»Starbucks-Test«

Kap. 8

Die zehn besten Tipps für den Vortrag

1. **Bauen Sie zuerst die technische Ausrüstung auf** und ordnen Sie Tische und Stühle so an, wie es Ihren Bedürfnissen entspricht.

2. Machen Sie eine **Sprechprobe** – egal ob Sie mit einem Mikrofon arbeiten oder nicht.

3. Machen Sie sich mit den **Lichtschaltern** vertraut, falls Sie während der Präsentation bestimmte Lampen an- oder ausschalten müssen. Markieren Sie diese mit einem kleinen Stück Klebegummi.

4. Ein **Lächeln ist auch in Ihrer Stimme zu hören;** und Wörter, die mit dem Buchstaben K beginnen, zwingen Sie zum Lächeln.

5. Lenken Sie die **Aufmerksamkeit** erneut auf sich, indem Sie

   a. bei PowerPoint-Präsentationen die Tasten B oder W drücken (bei B wird die Leinwand dunkel, bei W wird sie hell).

   b. sich nach vorn beugen/gehen; die Stimme senken – das bringt Sie Ihrem Publikum näher.

   c. die »Blair-Daniels-Technik« verwenden – *weisen Sie auf wichtige Punkte hin.*

6. Machen Sie immer dann eine **Pause**, wenn Sie etwas besonders Wichtiges gesagt haben. Nutzen Sie Pausen auch, um a) Kernpunkte zu unterstreichen, b) die Dramatik zu erhöhen.

7. Achten Sie auf die **Augenfarbe** Ihrer Zuhörer – und stellen Sie auf diese Weise einen intensiven Blickkontakt her.

8. **Schauen Sie immer nach vorn.** Widerstehen Sie der starken Versuchung, auf die Leinwand zu sehen, denn dann reißt der Blickkontakt ab und Ihre Stimme klingt leiser. Sehen Sie nur auf die Leinwand, wenn Sie die Aufmerksamkeit auf einen bestimmten Punkt lenken möchten.

9. Lassen Sie den Vortrag nach Möglichkeit nicht mit der **Frage-Antwort-Runde** enden – behalten Sie die Kontrolle über den Höhepunkt. Sagen Sie: »Haben Sie noch irgendwelche Fragen, bevor ich zum Ende komme?« Beantworten Sie eine letzte Frage und schließen Sie dann mit der Wiederholung Ihrer Kernpunkte und einem Applaussignal.

10. Falls **niemand fragt,** stellen Sie selbst eine Frage: »Ich werde oft gefragt …« So füllen Sie das peinliche Schweigen, machen sich die Sache leichter und geben oft Anstoß zu einer Reihe richtiger Fragen.

Vortrag

Ankunft und Aufbau

✓ mit Umgebung vertraut machen
✓ Sprechprobe und Einsprechen
✓ Beleuchtung
✓ Raumanordnung
✓ Ablenkungen ausschalten

Kap. 9

Publikumsbindung

- Vorstellung
- Eröffnung
- Stimme
  - Stimmprojektion, Stimmführung, Einsprechen
  - Pausen
- Blick
  - intensiver Blickkontakt
  - Blickkontakt halten und ausweiten
  - auf die Augenfarbe der Zuhörer achten
- Körper
  - stehen oder sitzen?
  - Reglosigkeit
- Gestik

Kap. 11

PowerPoint

- immer nach vorn schauen
- regelmäßig die Anzeige auf der Leinwand ausblenden
  B- & W-Taste
- »Gehe zu« und Hyperlinks für Flexibilität
- eigene Fernbedienung verwenden
- pannensichere Multimedia-Vorführungen

PowerPoint sollte Sie unterstützten, nicht antreiben.

Kap. 12

Vortrag

Kap. 15
Vortragshöhepunkt

1) Ende ankündigen
2) Kernaussagen wiederholen
3) Ende eindeutig mit Applaussignal kennzeichnen

Kap. 14
Vortragswirkung

- Störungen in der weiteren Umgebung
- Einschlafpunkt
- Positionierung des Frage-Antwort-Teils

Kap. 13
Aufmerksamkeitssteuerung

Ablenkungen unter Kontrolle bringen
- Schwerpunkte planen
- Ablenkungen voraussehen
- den Raum einnehmen

Einen neuen Fokus setzen
- Bewegung und Veränderung
- Kernpunkte ankündigen

Umgang mit visuellen Hilfsmitteln
- gut sichtbar, ruhig halten – ein klarer Fokus
- kurz stehen lassen
- wie geplant wegräumen

Schaubilder und Diagramme
- Achsen erläutern
- sagen, was Sie sagen möchten
- gegebenenfalls Zeitachsen »abspecken«

Dokumentpräsentationen bedürfen der besonderen Planung

Mehr über den Autor

NICK FITZHERBERT war 20 Jahre als PR-Berater tätig, unter anderem für die Getränkeindustrie, die Medien, das Dienstleistungsmarketing und den öffentlichen Sektor, für Branchenverbände und Finanzdienstleister. Er arbeitete für PR-Beratungen wie *Countrywide* und *Ludgate* und leitete sieben Jahre lang seine Firma SFB (*Somersal Fitzherbert Berman*), die zu den 100 besten PR-Beratungen gehörte.

Seine Präsentationskompetenz und Kreativität haben ihre Wurzeln in seiner Zeit als DJ und wurden in jüngster Zeit durch die Erfahrungen als Mitglied der führenden internationalen Zaubervereinigung *The Magic Circle* weiter verbessert. Das Interesse an der Zauberkunst entstand mitten in seiner PR-Karriere. Je mehr er über darüber lernte, desto überzeugter wurde er, dass sich viele Prinzipien der Aufmerksamkeitslenkung, des Beeinflussens und Überzeugens erfolgreich auf seinen Berufsalltag übertragen ließen.

Nick Fitzherbert verknüpfte seine Erfahrung in den Bereichen Öffentlichkeitsarbeit und Marketing mit Recherchen im Archiv des *Magic Circle* und dem zusätzlichen Wissen, das er im persönlichen Kontakt mit einigen der weltbesten Zauberkünstler erwarb. So entdeckte er die Regeln der Zauberkunst – 20 Prinzipien, an die sich die Spitzenzauberkünstler instinktiv halten und die sich in der Geschäftswelt als gleichermaßen effektiv erweisen. Die Grundlage dieser Regeln bildet die Art und Weise, wie das Gehirn Informationen aufnimmt. Die Regeln selbst sind meist einfach, intuitiv verständlich und kreisen mehr um die Frage, warum Magie funktioniert, als darum, wie sie funktioniert.

Diese Regeln sind die tragende Säule der Seminare, die Nick Fitzherbert anbietet, um Vertriebsmitarbeiter, Marketingagenturen und andere Firmen im Halten von Präsentationen zu schulen. Traditionelle Schulungsmethoden werden durch Techniken aus der Welt der Magie ergänzt, um Geschäftsleuten zu helfen, Aufmerksamkeit zu lenken und zu halten sowie ihre Zuhörer zu beeinflussen und zu überzeugen.

Der Autor spricht bei Konferenzen, Anbietern beruflicher Weiterbildung sowie in Private Members Clubs. Er war im Fernsehen bei Adrian Chiles sowie im Radio bei Chris Evans zu Gast. Darüber hinaus ist er unter anderem in folgenden Medien präsent: *Management Today*, *The Guardian*, *Business Life* und *CorpComms*.

Nick Fitzherbert lebt mit seiner Frau Paula und seinen Kindern Louis und Eliza in London.

Weitere Informationen finden Sie auf der Internetseite www.fitzherbert.co.uk.